国家 林草科普基地
建设 2023

《国家林草科普基地建设2023》编委会 ▣ 编

中国林业出版社
China Forestry Publishing House

图书在版编目(CIP)数据

国家林草科普基地建设. 2023 /《国家林草科普基地建设 2023》编委会编. -- 北京：中国林业出版社, 2023.8
ISBN 978-7-5219-2317-9

Ⅰ. ①国… Ⅱ. ①国… Ⅲ. ①林业－研究机构－建设－中国
Ⅳ. ①S7-242

中国国家版本馆CIP数据核字(2023)第163748号

策划编辑：温　晋
责任编辑：于晓文　李丽菁

出版发行　中国林业出版社
　　　　　（100009，北京市西城区刘海胡同7号，电话010-83143549）
电子邮箱：cfphzbs@163.com
网址：www.forestry.gov.cn/lycb.html
印刷　河北京平诚乾印刷有限公司
版次：2023年8月第1版
印次：2023年8月第1次印刷
开本：710mm×1000mm　1 / 16
印张：9.75（彩插28面）
字数：205千字
定价：88.00元

前言

　　党的十八大以来，以习近平同志为核心的党中央把生态文明建设纳入中国特色社会主义事业"五位一体"总体布局，不断满足人民群众对美好生活的需求。加强林草科普工作，普及科学知识，提高生态意识，是深入学习贯彻习近平生态文明思想，落实"科技创新、科学普及是实现创新发展的两翼，要把科学普及放在与科技创新同等重要的位置"的重要举措。

　　国家林业和草原局、科学技术部为了进一步加强林草科普工作，于2021年3月27日出台了《关于加强林业和草原科普工作的意见》（林科发〔2020〕29号），提出了建设国家林草科普基地的建设任务，计划到2025年，创建覆盖全国、布局合理、形式多样、设施齐全的各级各类林草科普基地（场馆），其中由国家林业和草原局联合科学技术部共同命名的国家林草科普基地达100家以上。国家林业和草原局、科学技术部于2023年组织开展了首批国家林草科普基地认定工作。通过组织推荐、资格审查、现场核验、组织评审、公示等环节，在160多家的申报单位中，确定了首批57家单位入选，并于2023年5月全国林草科技活动周上正式宣布并授牌。

国家林草科普基地，是建设生态文明桥头堡，是弘扬生态文化的播种机。科普基地依托教学、科研、生产和服务等机构，面向社会和公众开放，增强公众科学保护和利用森林、草原、湿地、荒漠和野生动植物资源的意识和责任，提升全社会生态意识和科学素质，推广普及最新的林草科技成果和知识，加快林草科技成果推广转化应用、发挥科技创新的支撑引领作用，对于推动林草事业高质量发展和现代化建设发挥着重要作用。

为进一步推进我国林草科普基地工作，更好地宣传国家林草科普基地建设成果与实践经验，以期为更多的林草科普基地全面健康发展提供借鉴，中国林业出版社组织编写了《国家林草科普基地建设2023》一书，内容涵盖基础建设、科普队伍、科普作品、科普活动、经营管理等方面，详细介绍入选首批国家林草科普基地申报单位的建设成果与实践经验。

我们期望国家林草科普基地行动起来，共同打造国家林草科普传播平台，积极发挥科普基地引领示范作用，大力宣传林草科技成就，普及林草科学知识，推广林草科技成果，弘扬林草科学精神，为全面提升全民科学素质和生态意识，推动林草事业高质量发展和生态文明建设作出积极贡献。

本书编委会

2023 年 7 月

目录

前　言

001　以麋鹿及生物多样性科普教育为基础　助力生态保护事业
　　　——北京麋鹿生态实验中心

007　绿染西山七十载　筑梦生态新时代
　　　——北京市西山试验林场管理处

012　探地球奥秘　寻柳江瑰宝
　　　——河北柳江盆地地质遗迹国家级自然保护区

017　立足资源优势　打造特色基地
　　　——山西庞泉沟国家级自然保护区

022　利用世界生物圈保护区名牌　推进国家林草科普事业发展
　　　——内蒙古赛罕乌拉自然保护区

027　做大做强呼伦贝尔大草原特色科普教育品牌
　　　——内蒙古呼伦贝尔草原生态系统国家野外科学观测研究站

032　发挥林草科普平台优势　传递现代化绿色文明风尚
　　　——沈阳大学自然博物馆

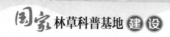

039 积极打造城市型自然教育体系
　　　　——上海辰山植物园

045 为野生动物创造美好未来
　　　　——上海动物园

051 推进全域科普新模式建设　助力林草科普高质量发展
　　　　——杭州植物园（杭州西湖园林科学研究院）

056 践行生态文明思想　助力生态人才培养
　　　　——浙江农林大学植物园

060 多彩的植物世界　神奇的林草故事
　　　　——山东省林草种质资源中心

064 多层次普及生态科普教育　推动林草事业高质量发展
　　　　——山东省淄博市原山林场

069 始于自然　不止自然
　　　　——河南宝天曼国家级自然保护区

073 　提升公众植物科学素养　把自然带给城市
　　　　——湖南省植物园

076 　发挥城央湿地优势　促进林草科普事业发展
　　　　——广州海珠国家湿地公园

080 　共建人与自然生命共同体　长隆野生动物科普教育创新发展
　　　　——长隆野生动物世界

084 　以国家植物园建设为契机　大力促进林草科普事业
　　　　——中国科学院华南植物园

088 　以"国家林草科普基地"建设为起点　大力发展林草事业
　　　　——乌鲁木齐市植物园

092 　以建设国家公园为名　兴林草科普教育之实
　　　　——东北虎豹国家公园

102 　依托稀缺生态资源禀赋　唱响"美丽中国江西样板"
　　　　——武夷山国家公园（江西片区）

108　发掘科研院所科普基础资源　开展"木材与生活"科普活动
　　　——中国林业科学研究院木材工业研究所木材科普中心

118　打造世界竹藤科普高地　引领时代绿色低碳生活
　　　——国际竹藤中心竹藤科普馆

124　以学科深厚积淀　铸就高校博物基地
　　　——北京林业大学博物馆

129　助力"双一流"高校学科建设　积极传播生态文明理念
　　　——中国（哈尔滨）森林博物馆

133　多方整合学校资源　开展特色科普活动
　　　——南京林业大学博物馆

138　发挥林科高校优势　助力林草科普教育
　　　——中南林业科技大学动植物标本馆

143　服务绿色人才培养　助力生态文明建设
　　　——西南林业大学标本馆

以麋鹿及生物多样性科普教育为基础
助力生态保护事业
——北京麋鹿生态实验中心

北京麋鹿生态实验中心，又名北京生物多样性保护研究中心、北京南海子麋鹿苑博物馆（简称麋鹿中心、麋鹿苑），是国家二级博物馆、国家 3A 级景区，同时也是全国科普教育基地、中国生物多样性保护示范基地、北京市科普教育基地、首都研学基地、北京市爱国主义教育基地、北京未成年人生态道德教育基地、北京市中小学生社会大课堂资源单位、北京十佳生态旅游观鸟地、北京园林绿化科普基地，并成为首都首批十家"北京市环境教育基地"单位之一，被授予"首都绿化美化先进单位"，成为北京湿地生态系统的示范。自 1985 年成立至今，麋鹿苑始终坚持以国家一级保护野生动物——麋鹿的研究与保护、生物多样性研究与应用和绿色环境科普教育等三大内容为主线，进行相关科普研究和科普宣传。

一、以生态保护为根本，营建自然化的科普基础建设

（一）特殊的自然教育环境

为保育湿地生态系统的旗舰物种——麋鹿，麋鹿苑营造表流湿地、潜流湿地、乔木林地、灌草丛等生态景观，有完善的湿地生态系统。除麋鹿和牙獐等湿地兽类外，麋鹿苑的湿地环境，同时也招引了依赖湿地生存的其他动物，增加了周边地区的生物多样性，为雁鸭类、鸻鹬类水鸟提供了栖息场所，麋鹿湿地旗舰物种的保护效应得以充分发挥。麋鹿苑作为北京南城重要的湿地，保持原生态的建设理念，是世界鸟类迁徙路线中东亚和澳大利亚路径、中亚路径及部分东非西亚路径的重要途径地，麋鹿中心持续开展鸟类监测工作，现有记录鸟类 200 余种，常见鸟种 51 种。麋鹿苑中有高等植物 250 余种，形成落叶阔叶林、常绿针

叶林、灌木林带、观赏草坪等微生态系统，为各类林鸟提供了良好的栖息地。麋鹿苑的湿地生态系统运行良好，为其他湿地动物提供了良好的栖息环境，可常年提供生态调查培训、观鸟活动等，是生物多样性教育工作的天然场所。

（二）科普硬件基础

麋鹿苑作为户外型博物馆，展教场地面积达 64 万平方米，其中科普楼室内面积 600 平方米，麋鹿苑内的活体动物、植物、湿地环境是别具特色的科普资源；同时累计藏品标本达 9544 件，现有麋鹿及其他鹿科动物塑化标本、生理切片标本、3D 模型标本等 4998 件标本，收集历史文化藏品 346 件。麋鹿苑内设有免费开放的室内常设展览《麋鹿传奇》《世界鹿类》及《麋鹿东归》，逐年推出《生肖展》《鹿角大观》等临展，不断更新展陈内容。麋鹿苑内设置"科学发现纪念碑""低碳生活系列""鸟类迁徙地球仪""世界灭绝动物公墓""特色植物说明牌"等 50 余套的户外科普设施，其中多项科普教育设施获得外观设计专利。麋鹿苑内的观鸟台和生态走廊等基础设施也为观察各种野生湿地动物提供了便利条件。除此之外，还配置会议室、影音室、直播室等硬件配套设施用于展教，可容纳近百人观看麋鹿生态影片；科普活动教室有充足的操作台便于开展各类课程活动，开展生物实验操作学习。

二、以科学研究为基础，打造专业化的科普队伍

在麋鹿保护和研究工作的基础上，麋鹿中心长期开展科普工作，经过多年的传承、累积，建立起了一支具备开展科普工作所需的专、兼职队伍和志愿者队伍。

（一）专家团队

自 1985 年成立至今，在麋鹿物种的重引入、保护与扩散、基因分子水平研究及生物多样性、湿地生态系统恢复等科研方面成绩斐然，生态与环境教育宣传等科普方面表现突出，拥有一支科普科研相结合的专家团队。目前，麋鹿中心共有专职科普人员 18 人，科学研究人员兼职科普人员 22 人，共 40 人。其中，正高级 3 人、副高级 13 人、中级 11 人，包括博士 9 人、硕士 9 人，均具备开展科普培训等相关工作的经验和基础。专家团队紧密结合，保障了展教内容的科学性、探究性和趣味性。此外，麋鹿中心还有一支来自中国科学院、北京师范大学、北京林业大学等全国知名院校的动植物学相关外部专家团队予以指导。

（二）志愿者队伍

麋鹿苑连续多年开展"地球守护者""麋鹿保护者""守卫绿孔雀"等主题志愿者活动。每名志愿者均经过严格培训及考核，形成"志愿北京——麋鹿缘"等多支具备科普素养的志愿者服务团队，在园区秩序管理、讲解、科普活动辅助等方面开展麋鹿守护志愿服务，尤其是青少年志愿者们用实际行动为游客树立了麋鹿保护、生态守护的榜样示范，在2022年获得第六届中国青年志愿服务大赛金奖。2021年以来，麋鹿苑不断推陈出新，新设摄影志愿者团队，鼓励志愿者用相机拍摄，发现、挖掘生物多样性的自然之美。

三、以线上线下为抓手，创作多元化的科普作品

积极打造线上线下科普平台，整合科普资源，创作科普作品及科普视频，利用新媒体技术向公众更广泛地传播生态科学内容。

（一）科普著作

麋鹿中心发表多篇高品质科普文章，其中《从本土灭绝到繁衍复壮 中国麋鹿保护得到世界认可》文章，被人民网、新华网等多家媒体转载，阅读量超过148万；每年推出著作2～3部，出版《麋鹿保护生态学》《北京郊野公园植物多样性——麋鹿苑植物识别手册》等书籍。近年来，积极开展周边社区生物多样性建设，在对所在社区动植物调查研究的基础上，出版《亦城草木》《亦城飞羽》等系列手册，将科学研究科普化，并向社区推广，形成更广泛的科普宣传。

（二）科普剧

科普剧方面麋鹿苑独树一帜，陆续创作了《小麋鹿还家记》《夜莺之歌》《护生诗画演绎》等具有科学内涵的科普剧10余部，获得第三届全国科学表演大赛科普剧优秀奖、首届北京科普基地优秀教育展评二等奖等奖项，《麋鹿苑的夏天》获首届全国原创微型科普剧本创作大赛优秀奖。麋鹿苑从科普剧原创开发，到编导，再到演员挑选，逐步发展到由中小学生展演，真正实现进入校园，启发青少年想象力与创造力，发挥年龄优势，挖掘青少年爱护自然的潜力，使生态保护入心入脑。

（三）新媒体平台

注重多媒体科普教育，通过开发"麋鹿中心智慧化植物物种科普标牌系统"

二维码，实现植物科普信息化；上线"云游麋鹿苑"小程序，让游客通过网络了解更多科普知识；开发"一'鹿'有你"等线上闯关游戏。

充分利用新媒体平台讲好麋鹿故事，通过网站、微博、微信公众平台发布新闻报道。邀请中央电视台、北京电视台先后拍摄麋鹿专题视频，向公众传播麋鹿文化。麋鹿苑科教片《鹿王争霸》多次在中央电视台纪录频道 CCTV-9 播出，2020 年 5 月 22 日，适逢第 26 个国际生物多样性日，新华社播放了《鹿王争霸》科教片，向世界讲述中国生物多样性保护的好故事，受众总数超过 200 万人次。

四、以科学探究为出发点，开展丰富的科普活动

麋鹿中心自 2007 年免费对社会公众开放以来，平均每年接待线下参观者近40 万人次。为服务中小学生科学课实践活动，满足青少年探究科学的需求，麋鹿中心在现有展项基础上，围绕生态主题线索，按照主题化科学教育、系统性展教布局的要求，策划展览展品，开发展教课程，组织展教活动，更好地打造研学基地品牌。以麋鹿保护为基础内容，宣传生物多样性保护，提高中小学生素质生态教育。

（一）展教课程

开展形式多样的科普课程，作为北京首批研学基地，开展麋鹿保护系列课程，从启发青少年认知出发，锻炼学生的观察力，教会认识自然的方法，激发学生在实践中创新，探索自然的兴趣，树立和谐的生态文明理念。开展主题涵盖湿地保护、观鸟、动植物科学、自然文化、科考见闻的"自然故事大讲堂"特色展教课程，已累计开展活动百余场。具备探究类系列课程，如麋鹿探究、鸟类探究、植物探究等；已与中国教育科学研究院北京大兴实验学校共同开发了《玩在大自然——麋鹿苑综合调研》实践课程。

（二）展教活动

结合麋鹿及生物多样性标本馆的户外特性及动物资源，麋鹿中心开展的科普活动、科普教育具有科学内涵，其中包括多种展览、讲座，以及与中小学合作的系列科普课程、冬夏令营等，形成了"夜探麋鹿苑"等特色品牌科普项目，"走进保护区看麋鹿"项目已连续开展几年，带领青少年走进湖北石首麋鹿国家级自然保护区、河北木兰围场等地，亲临野生动物保护第一线；麋鹿中心的科普剧、科普视频、"麋鹿诗画大闯关"游戏等，曾多次参加科技周、科学嘉年华等活动，

取得了良好的社会效益，每年各种媒体中关于麋鹿苑科普活动的报道多达几十次；"首都生态文明宣传教育"麋鹿苑植物探索自然笔记活动，为广大群众传播植物科学知识，让大人及孩子共同探索植物的奥秘；生态文明体验系列活动历时9年，已形成自然体验小小讲解员、小小志愿者、小小科学家、小小饲养员、小小园艺师、小小探险家等系列特色活动，目前总受众60万余人次，进一步夯实了生态道德教育的基础。

五、以制度为保障，建设完善的科普经营管理

（一）强化科普职能

麋鹿中心推动形成新时代科学普及与科技创新两翼，设有专门的科普工作团队，具有独立开展科普工作的能力。麋鹿中心内部下设科普教育部、展览部、开发部、信息部等多个部门，均是面向公众发挥宣传教育、展览展示等社会服务功能的窗口，负责科普讲解接待、讲解培训等工作；麋鹿中心具备开展科普工作的制度保障，制定科普工作的年度计划，将科普工作纳入部门及职工的年度工作考核范围；具备科普创作能力，不断产出适于传播的科普作品。

（二）线上线下一体的麋鹿及生物多样性科普宣传平台

麋鹿中心具备线上线下科普活动的能力：有顺畅的宣传渠道和窗口，已开通微博、微信公众号、抖音公号等公共宣传平台；已录制《鹿王争霸》《小麋鹿诞生》等多部科普影视作品，并在中央电视台、北京日报 APP、中国黄河频道等官方渠道播放。2017 年，CCTV 新闻频道对"麋鹿首次野放鄱阳湖"进行了全程跟踪直播，人民日报、江西日报等报刊及新华网、凤凰网、网易等多家网络媒体也对这一内容进行了跟踪报道，麋鹿中心同时通过网络直播平台对这次野放先后直播7 次，受众达上百万人次。近年来，麋鹿中心开展多次麋鹿保护国际会议，邀请保护界同仁参会，从"麋鹿保护大会"到"麋鹿国际文化大会"，连年在科技日报刊发头版报道并在光明网等科普频道进行首页推广，新华社、北京时间、北京日报、北京电台、凤凰网、新浪网、今日头条、爱奇艺等 30 余家融媒平台也就此内容进行过同步直播，累计观看量 330 万，总点赞数 32 万，"麋鹿国际文化大会"还通过北京文艺广播和北京交通广播电台进行了直播访谈和专题推介。截至2019 年 8 月 27 日，中央市属媒体共原发稿件 60 余篇，全网报道 858 篇，"麋鹿文化""麋鹿"微博话题阅读量共计 2930 万。新冠疫情期间，开展多次线上视频科普课程。

（三）完善的财务管理制度及支撑

麋鹿中心为全额拨款的事业单位，具有承担项目的保障基础，每年科普专项投入约 300 万元，市财政保证日常运维约 1000 万元，并积极申请国家及北京市科学技术协会、科学技术委员会资助的横向科普课题等。麋鹿中心财务管理严格，依照北京市委市政府《关于进一步完善财政科研项目和经费管理的若干政策措施》《北京科学技术研究院关于加强和规范差旅费、会议费、咨询费管理的意见》等国家及上级单位规定要求，制定《北京麋鹿生态实验中心科研项目经费管理办法细则》等，适用于科研科普计划项目、相关财政项目等。将科普经费列入本单位年度财务预算专项，专款专用，保证科普工作正常运行。

（撰稿人：陈星、白加德、钟震宇、宋苑、洪士寓、侯朝炜）

绿染西山七十载　筑梦生态新时代
——北京市西山试验林场管理处

北京市西山试验林场管理处位于北京市近郊小西山，经营总面积 8.9 万亩，隶属于北京市园林绿化局，是以经营风景林为主的城市景观生态公益性国有林场。新中国成立后，西山林区一片荒山秃岭，森林覆盖率仅为 4.7%。1953 年，在党中央的直接关怀下，西山开始人工造林，经过近 70 年的造林营林，西山森林覆盖率达到 93.29%。1992 年，由林业部批准成立北京西山国家森林公园。多年来，西山林场与在京高校及科研院所建立了良好的合作关系，依托北京林业大学、中国林业科学研究院、北京市园林绿化局等单位，开展了一系列林业科研、生产、经营和森林资源保护项目，合作完成了多项科研项目，这些都为科普教育基地的建设奠定了基础、提供了技术保障。北京市西山试验林场管理处自 2013 年起打造专业科普团队，开展系列科普活动，从生态文化、红色文化、森林文化等方面展示西山的科普成果，按时间，分春、夏、秋、冬四个系列，春天踏青赏花，夏季避暑纳凉，秋天登高观叶，冬季踏雪赏景，四时有特色，月月有活动。按内容，分为游赏、体验、音乐、科普四大类型，迎接广大市民走进森林、感知文化，感受首都园林绿化高质量发展所带来的绿色福祉。

一、基地建设

北京市西山试验林场管理处结合山势建设了牡丹园、紫薇园、玉兰园、梅园、花溪等多处特色植物景区和山水文化景观。林场开辟的多处森林健康休闲区，茂盛的森林和湿润洁净的空气释放了丰富的负氧离子，是天然的"森林氧

---

1 亩 =0.067 公顷。

吧"。历史古迹亦分布广泛，其中蜿蜒数千米的进香古道；满清健锐营操练的碉楼；顺治帝御笔碑刻的北法海寺；福慧寺、地藏殿、邀月洞、方昭、圆昭、念佛桥等历史遗迹，构成了独特的西山人文历史景观。西山林场自然资源丰富，现有植物共计517种，分属90科；兽类10余种，鸟类50余种，以及数种两栖及爬行动物，其中包括北京市二级保护野生动物17种。树种以油松、侧柏、刺槐、栓皮栎、元宝枫、黄栌、山桃、山杏等为主，林场内有大片的松栎混交林、侧柏山杏混交林，森林自然景观类型丰富。

西山林场科普基地建设充分考虑了西山地区的历史和文化，以森林为载体，充分挖掘西山地区深厚历史和多样文化，形成了以森林文化、红色文化、生态文化为主的科普建设特色。2013年10月，中国人民解放军总政治部联络部在北京市西山试验林场管理处建成无名英雄纪念广场。以西山无名英雄纪念广场为基础开展爱国主义教育活动，不断挖掘无名英雄的红色历史，讲好红色故事，推动红色文化薪火相传、与时俱进。2014年，北京市西山试验林场管理处与北京市园林绿化局国际合作项目办公室、北京林学会共同建设了北京森林文化示范区，打造"一心三区"——体验中心、自然观察区、游乐体验区、健康休闲区。组织森林文化展示、森林经营体验、森林文化教育等一系列活动，打造"体验森林、感知文化"的森林体验品牌。2019年，利用修复后的北法海寺，建设西山方志书院，开发了园林绿化建设展、传统生态文化展、森林体验馆、森林藏书房近1500平方米的科普展馆，展览集VR技术、全息投影技术、数字多媒体技术为一体传播生态文化。2022年1月，以温泉种质资源站为基础申报的北京市常绿树种国家林木种质资源库，成功入选国家林业和草原局第三批国家林木种质资源库名单。持续推进种质资源库建设，编制完成建设发展规划，并着手开展了白皮松等针叶树种资源收集、保存等系列工作，确保工作计划扎实稳步实施。

二、科普队伍

北京市西山试验林场管理处自2013年开始开展科普工作，10年间培养了一大批科普工作人员。目前，共有科普人员20人，其中专职人员7人，兼职人员13人，涵盖了林学、园林、森林培育、旅游、植物保护等专业。北京市科学传播副研究馆员1人，林业正高级职称2人，副高级职称9人，中级职称8人。国家林业和草原局评选的最美林草科技推广员1人，具有自然讲解员证书5人，实践经验丰富。定期组织业务人员参加培训，包括国家林业和草原局自然讲解师培训、视频直播培训、北京林学会自然解说员培训、北京林学会森林康养培训、自然绘画培训等。开展国际国内科普交流，赴韩国开展自然教育交流，与香港嘉道理农场开展科普交流。

三、科普作品

在科普课程上，2019—2021 年依托中央专项彩票公益金支持未成年人校外教育项目，开发森林大课堂系列线上、线下科普课程共 9 门，包括西山自然观察、森林树木、森林笔记、森林疗养、森林定向越野、森林经营、森林亲子阅读、多媒体森林体验、西山生态导览。线下课程结合科普活动开展，线上课程将课程视频在微信公众号上播放。森林大课堂系列科普课程的开发，旨在吸引更多市民走进森林、感受森林文化、科普森林知识，在市民欣赏美好环境的同时，感受到高质量的森林游览，深入贯彻落实习近平总书记生态文明思想，为市民提供绿色福祉。

在科普宣传作品上，北京市西山试验林场管理处科普宣传品种类多样、内容齐全，包括西山国家森林公园踏青节、牡丹文化节、红叶节等宣传品，《森林资源导览手册》，北京森林文化示范区地图，西山方志书院折页，西山植物四季书签，《园林绿化废弃物多种利用模式技术指导手册》等。配套科普课程的开发，编制有《西山自然观察手册》《森林大课堂》活动手册、森林大课堂系列科普课程教案、森林大课堂系列科普折页，内容上通过浅显易懂、直观有趣的方式让游客了解到这片森林的成长故事，感受森林文化的内涵，以及森林带来的与众不同的体验。

四、科普活动

（一）西山生态文明宣教活动

北京市西山试验林场管理处自 2011 年起开展西山踏青节、红叶节、森林音乐会、"绿色科技，多彩生活"科技周、森林体验课程、履行《联合国森林文书》示范单位科普活动等生态文化活动，内容涵盖了森林文化、林业应对气候变化、碳中和理念等方面，多角度展示园林绿化建设成果，普及园林绿化科学知识。累计吸引 1600 多万市民走进森林，弘扬生态文化，倡导尊重自然、保护自然、合理利用自然资源的理念和行动，促进人与自然的和谐，推进生态文明建设。

（二）西山林场场史馆宣教活动

北京市西山试验林场管理处始建于 1953 年，经过 70 余载，几代林业人的艰苦奋斗，目前森林覆盖率已提升到 93.29%，是首都西部生态带和西山永定河文化带的重要组成部分。为不忘初心，传承西山精神，在林场内建设西山林场场史馆，利用声、光、电等科技手段，通过展示百余张历史图片，再现西山林场造林护林历史场景，为公众科普北京小西山的造林史，唤起人们护绿爱绿意识。

（三）森林大课堂系列科普活动

2019 年，依托森林大课堂系列科普课程开发科普活动共 9 门，包括西山自然观察、森林树木、森林笔记、森林疗养、森林定向越野、森林经营、森林亲子阅读、多媒体森林体验、西山生态导览。活动以西山丰富的自然资源为活动场地，结合自然教育课程和森林示范区的科普设施，带领市民在西山森林里学习林业知识，享受西山的科普成果，活动开发至今已吸引 10 万多人线上线下参与。

（四）西山森林讲堂

2021 年，在西山方志书院打造具有行业特色和国家水准的顶级行业讲堂——西山森林讲堂，邀请沈国舫、尹伟伦等多位院士、教授开展讲座。采取线下、线上同时进行的方式，线下主要邀请行业内的领导干部和专家学者。线上直播通过抖音、腾讯会议平台向广大园林绿化工作者和社会公众开放，吸引近万人观看。

（五）履行《联合国森林文书》示范单位科普活动

作为履行《联合国森林文书》示范单位，西山林场注重履约科普宣传和活动开展，宣传《联合国森林文书》内容及主旨、全球森林战略目标、森林可持续经营理念、"国际森林日"等主题，介绍履约建设成果，展示我国履约成就和负责任的林业大国形象。

（六）无名英雄纪念广场爱国主义教育活动

以西山无名英雄纪念广场为基础开展爱国主义教育活动，开发了"忠诚、干净、担当"主题党课，不断挖掘无名英雄的红色历史，讲好红色故事，推动红色文化薪火相传、与时俱进。激发爱国热情、凝聚人民力量、弘扬民族精神、传承红色基因。广场被评为"海淀区爱国主义教育基地""市级党员教育培训现场教学点""国家国防教育示范基地"，年均接待中央军委、中央统战部、外交部等中央、驻京部队、企事业单位等参观团体 700 余个。

五、经营管理

（一）组织机构

北京市西山试验林场管理处设置了专门的管理机构和工作机制，由管理处主要领导负责，科技主管领导、文化主管领导管理，管理处文化建设科牵头，项目管理科、森林公园管理科、森林经营科、资源保护科根据各自业务范围开展科普工作。

（二）制度管理

西山林场管理处科普工作管理制度完备，包括《北京市西山试验林场管理处科普基地管理制度》《北京市西山试验林场管理处科普基地年度计划》《北京市西山试验林场管理处科普基地年度工作总结》《北京市西山试验林场管理处科普活动应急预案》等，规范科普教育活动，提高科普基地管理水平。

（三）科普合作

北京市西山试验林场管理处是北京市中小学生社会大课堂资源单位，是海淀区少先队校外实践基地，建立了科普合作机制，定期开展科普活动。与中国林业科学研究院、北京林业大学、海淀区教育委员会、海淀区美术家协会开展科普合作，走进周边的师达中学、海淀区第四实验小学等进行科普宣传，是北京市海淀区第四实验小学的生态教育实践基地。

（四）科普影响

北京市西山试验林场管理处在 2013 年被首都绿化委员办公室评为首批"首都生态文明宣传教育示范基地"，被北京市园林绿化局批准为"北京园林绿化科普教育基地"，被自然之友评为"自然之友环境教育基地"；2015 年，被北京市教育委员会评为"北京市中小学生社会大课堂资源单位"；2018 年，被中华人民共和国教育部评为"全国中小学生研学实践教育基地"；2023 年，被国家林业和草原局评为"首批国家林草科普基地"。

北京市西山试验林场管理处组织开展的第五届森林音乐会暨零碳音乐第八季获得中国林学会评定的第七届梁希科普奖；"森林大课堂系列科普课程研发"项目获得 2020 年北京林学会林业科学普及创新奖一等奖；"北京西山森林文化体验"项目获得 2021 年北京林学会林业科学普及创新奖二等奖。

（撰稿人：陈鹏飞、许梦蕊、张圣亚）

探地球奥秘　寻柳江瑰宝

——河北柳江盆地地质遗迹国家级自然保护区

　　河北柳江盆地蕴藏着丰富且珍贵的地质遗迹资源，享有"天然地质博物馆"的美誉。柳江盆地地质遗迹国家级自然保护区（简称保护区）是集遗迹保护、科学研究、实践教学、科普宣教于一体的地质遗迹类保护区，自身科普资源丰富，近年来在基础设施建设、科普人才队伍培养、科普产品创作、科普活动开展和社会影响力等方面取得了突出的成绩，激发了社会公众特别是中小学生群体增强爱护地球、保护地质遗迹资源和生态环境的意识，积极推进了生态文明的建设和发展。

一、基础设施建设

　　为更好地发挥国家级自然保护区的自然教育功能，保护区管理中心在原煤炭管理干部学校旧址上规划建设了集教学实习、科学研究、科普展示于一体的综合性地学博览园。该园区占地面积 350 亩，位于柳江盆地中心偏南，距市区约 20 千米，交通便利。秦皇岛柳江地学博览园由柳江地学博物馆、地质灾害（科普）体验馆、科普广场和柳江地学实习基地 4 个部分组成。目前为柳江盆地地质遗迹国家级自然保护区重要的自然教育与研学科普平台。

　　秦皇岛柳江地学博物馆建筑面积 3000 平方米，由地球科学厅、柳江盆地地质遗迹厅、岩矿化石标本厅、秦皇岛国家地质公园景观厅、多媒体报告厅等 5 个单元组成。馆内运用图版、视频、模型、仿真场景、实物标本等手段，揭示了宇宙及太阳系、地球结构、地质作用、生物演化、柳江盆地海陆变迁及其宝贵的地质遗迹资源和秦皇岛美丽的地质自然景观，展示内容涵盖了地球科学、柳江瑰宝、岩矿化石标本、秦皇岛地质风光等内容，具有科普教育和地学知识宣教功能，是融科学性、知识性、观赏性和趣味性为一体的地学博物馆。

地质灾害（科普）体验馆是由一座 80 余年历史的旧建筑改造而成的，分为科普展厅和 4D 动感影院两部分。科普展厅介绍了地质灾害的种类、危害，以及如何防止、避险等科普常识；4D 动感影院通过科普影片模拟了地震、火山、海啸、泥石流等地质灾害现象，使公众切身体验地质灾害的发生过程和破坏的严重程度。通过体验地质作用引发的各类地质灾害巨大的威力和破坏力，增强人们防灾减灾及保护自然环境的意识。

科普广场建设面积 10000 余平方米，由摇篮曲广场、地质遗迹微缩景观墙、标本广场三部分组成。以群雕、地质遗迹微缩景观墙、大型岩矿石标本展示的形式，展现柳江盆地在地球演化过程中由于地壳运动、岩浆活动、沉积环境变化作用而形成的各种典型地质现象景观和地质前辈们奉献于地质事业的工作场景，详细地介绍有关地学基础知识，展示各种地质遗迹资源的多样性和典型性。

柳江地学实习基地目前有教师公寓、学生食堂、教师餐厅、浴室等基础配套设施，可同时接纳 1400 多名师生开展教学实践活动。教室、实验室、报告厅等教学设施一应俱全。基地内环境优美，配套设施完善。

二、自然教育队伍

自然教育事业的发展离不开科普人才的支撑，科普人才队伍建设是公民科学素质建设的关键性基础工作。柳江盆地地质遗迹国家级自然保护区自然教育队伍主要是由保护区专业技术人员和柳江地学博物馆讲解人员组成，目前专职科普人员 5 人，兼职科普人员 19 人，主要负责自然教育活动的组织和开展。为确保自然教育队伍的专业性，保护区借助高校教师资源的优势，与在柳江盆地实习的大学合作，聘请了一批专业水准高、业务能力强的专家、教授加入科普队伍，志愿者团队目前为 40 人。

同时，与当地国土、科学技术协会、教育等相关单位联系，建立了包括博士、高级工程师、中小学资深教师在内的专业自然教育队伍，涉及地质、地理、古生物、环保和教育等学科，由这个团队负责自然教育课程的设计与开发，以确保专业水准。定期或不定期开展自然教育人才培训，通过学习交流提升工作人员自身综合素质，更好地为自然教育实践活动的开展提供人才保障，促使自然教育活动实践效果再上一个新的台阶。

三、科普作品创作

在自然教育课程上，以秦皇岛柳江地学博览园为中心，向保护区及周边范围延伸，利用柳江盆地的各类自然资源共设计了 6 大类 26 门课程。内容涵盖地质、植物、鸟类、昆虫等丰富的自然生态类知识，课程概要如下。

（一）基地内课程（共 11 节）

包括：初识脚下的大地——地球概说；纵览柳江沧桑变化——柳江瑰宝；多彩矿物世界——精美的石头；构成大地的材料——岩石；地学博览园石语林——岩矿标本；地球之书——地层；洪荒之力——构造；大地的收藏品——化石；江山画卷——地貌简介；压平大地——学习地形图；一起爬山去——地质野外指南。

（二）野外路线课程（共 5 节）

包括：炙岩炽烟——火山岩地层观察；远古的浅海——奥陶系地层观察；水滴石穿——岩溶地貌观察；地球之书缺页了——不整合面观察；大石河寻宝——河流沉积物调查。

（三）滨海路线课程（共 3 节）

包括：鸽子窝海蚀地貌观察；老虎石海岸地貌观察；黄金海岸风力堆积地貌观察。

（四）进校园推广课程（共 1 节）

纵横亿年，行走山海——柳江盆地。

（五）综合及生态类课程（共 5 节）

包括：柳江盆地夏季观星；柳江盆地认识常见植物；柳江盆地昆虫博物课；柳江盆地鸟类观察；柳江盆地不同植被下土壤调查实践。

（六）安全避险课（共 1 节）

泥石流、山体滑坡、森林防火等野外常见地质灾害的应急避险及自救常识。

课程目标：认识地球的发展，感受地球的变化，了解柳江盆地的地质演化，增强中小学生对大自然和人类社会的热爱，通过观察、讨论、互动和体验激发孩子们热爱地球、保护地质遗迹和生态环境的意识；同时具备认识三大岩类的能力，具备简单区别常见矿物与宝石的能力，具备地灾避险和简单自救的常识。

在科普著作上，出版了《柳江盆地——神奇的地质景观》《走进地质百科全书——柳江盆地研学指导书》《秦皇岛柳江盆地及周边区域地质实习指导书》《科学之旅——地质之美》等多部科普读物。编制了《保护区教学实习管理手册》《防灾减灾科普知识手册》《森林防火科普知识》等科普宣传册。

在科普产品上，制作了《柳江盆地海陆变迁史》《天开海岳》《地球的力量》《内外力地质作用》《岩石与矿物》等多部科普视频；制作了岩矿科普卡片、柳江岩石标本盒、宣传折页、宣传布袋、扇子、扑克牌等形式多样的科普宣传品。

四、科普活动开展

近年来，保护区与河北省自然教育专业委员会建立合作关系，柳江盆地已成为社会公众及青少年获取自然科学，提高知识素养的"第二课堂"。

一是定期组织科普活动。每年利用"4·22世界地球日""世界环境日""全国科普日"等宣传日，围绕主题，配备各种教学宣传工具和互动参与设备，印制主题海报、宣传折页等资料，结合柳江盆地地质特点开展科普宣传活动。

二是组织开展柳江"第二课堂"地学研学实践教育活动。目前，编制出版了《走进地质百科全书——柳江盆地》研学指导书，制作了柳江盆地地层实物标本、岩矿卡片，购置了放大镜、偏光仪等研学配套资料和设备。此举措进一步推动基础教育中地理类、自然类等课程的深度延展和推广。柳江盆地校外"第二课堂"真正让学生走出去，在实践中增长知识，全面提升综合素质，开创出一套创新人才培养模式，有助于促进书本知识和实践能力的深度融合。

三是自然教育活动与高校实习相融合，扩大科普范围。每年百十多所院校近2万名师生来到柳江盆地开展教学实习，学校范围遍布全国各地，保护区借此机会，组织实习院校交流互动，开展科研和学术探讨，提高科学研究水平，充分挖掘柳江盆地的科学内涵，提升保护区的自然教育功能。

四是党政机关与社区群众的科普宣传。加大日常保护区周边社区宣传力度。在保护区内重要位置和关键地带，通过粘贴宣传画、悬挂宣传条幅、定期到社区开展科普讲座，向保护区当地政府和民众宣讲保护区科普常识和相关法规政策等方式，进一步提高公众参与度和遗迹资源保护意识。

五是以"互联网＋科普"为突破口，大力推进新媒体在自然教育中的应用。利用微信公众号、网络直播等形式开展"科普微课堂""掌上博物馆""地学知识小竞赛"等自然教育活动，实现线上线下完美融合。

五、社会影响力

保护区充分发挥地学资源优势,确立了"坚持特色、公益开放、立足科普、服务社会"的工作思路,多措并举,以丰富多彩的形式组织开展各类宣教活动,取得了突出的科普成效,尤其是青少年群体的自然教育科普工作亮点纷呈。

一是培养地质学科应用实践的"土壤"。利用国家级自然保护区优质的地质教学资源,重点培养中小学生的科学兴趣,用科学的影响、科学的态度、科学的方法,塑造其科学精神。

二是播撒地球科学兴趣的"种子"。发挥秦皇岛柳江地学博览园科普平台作用,助力"双减"科普行动,通过"走出去,请进来"的形式进一步推动了自然类、地理类、防灾减灾等知识的深度延展和推广,与学校深入开展交流与合作,促进地理学科基础教育事业的发展,为综合素质教育的良性发展创造基础条件。

三是开出珍爱家园保护地球环境的"花朵"。多形式拓展地球科学知识结构宽度,不仅包括地学方面的知识还包括资源环境、安全技能及劳动教育等方面内容,引导中小学生保护地球环境,从身边的点滴小事做起,培养节约资源的意识,用实际行动践行绿水青山就是金山银山理念。

四是收获自然科普教育的丰硕"果实"。积极联合科学技术协会、林草、应急及实习高校等多部门,整合各单位资源优势,发挥最大效能为青少年群体科学普及助力。组织的科普活动全面普及了地学知识在生活中的应用,促进了绿色发展理念深入人心,推广了必要的防灾减灾和应急避险等实际技能,得到了广大师生的一致好评,收获了良好的社会化科普效果,多个科普活动得到新华社、人民日报、河北广播电视台等多家新闻媒体的宣传报道。

林草科普工作是一项"功在当代,利在千秋"的社会公益性事业,河北柳江盆地地质遗迹国家级自然保护区无论科普资源优势还是地理区位优势,都是一个较为理想的科普教育基地。今后将进一步完善基础设施,继续加强自然教育的软硬件投入,将保护区建设成为国内一流的自然教育科普研学基地。让更多人从自然教育中受益,更好地发挥保护区的自然教育功能,为建设"美丽中国"贡献一份力量。

(撰稿人:王喜军、路大宽)

立足资源优势　打造特色基地
——山西庞泉沟国家级自然保护区

　　莽莽黄土高原，巍巍吕梁山脉，镶嵌着一颗璀璨的明珠——山西庞泉沟国家级自然保护区，山高林密，峰险景奇，山泉长流，鸟类群居，风景优美，气候宜人，是以保护世界珍禽褐马鸡及华北落叶松、云杉森林生态系统为主的森林和野生动物类型自然保护区。庞泉沟自然保护区始建于 1980 年，1986 年经国务院批为国家级自然保护区。1993 年首批加入中国"人与生物圈"保护区网络，是吕梁地区生物多样性富集度最高的区域之一，是重要的科研科普基地。建区以来，庞泉沟自然保护区致力于科研监测和科普宣教工作，在科普基地建设、科普队伍、科普活动、科普品牌建设等方面取得丰硕成果，促进了保护区管理职能的有效发挥，为我国野生动植物保护工作作出了贡献。

一、基本建设

　　山西庞泉沟国家级自然保护区（简称保护区）总面积 10443.5 公顷，森林植被保存完好，森林覆盖率高达 85%，活立木蓄积量达 130 万立方米，被誉为黄土高原上的"绿色明珠"，华北落叶松天然次生林在境内集中分布，素有"华北落叶松故乡"之称。保护区内峰峦叠嶂、林木参天、溪水潺潺，是华北地区的"天然植物基因库"，现已记录到的高、低等植物有 150 余科 1000 余种，也是珍禽异兽栖息繁育的良好场所。保护区内现有褐马鸡、金雕、金钱豹等 10 种国家一级保护野生动物；鸳鸯、鸢、青鼬等 37 种国家二级保护野生动物；还有苍鹭、小杜鹃、夜鹰等 131 种属省级保护动物，是我国鸟类南北迁徙的重要通道，在全球鸟类自然保护区中具有重要位置，生物多样性保护的价值十分重大。

　　为更好地构建自然科普系统，让更多人走进自然、体验自然，保护区充分利用保存完好的森林生态系统等特色资源，将其打造为自然教育科普场所，其中就包含了以自然教育为主的自然中心和以科普展示为主的访问者中心。自然中心包括褐马鸡驯养繁育救护中心、褐马鸡主题公园、大路垴观景台和生态教育小径等。其中，褐马鸡驯养繁育救护中心占地面积1000平方米，是当前亚洲最大的褐马鸡驯养繁育救护中心，是游客了解世界珍禽褐马鸡的最佳场所。褐马鸡主题公园，建成于2020年，公园面积4000平方米，以褐马鸡的形态为主题而建，园内建有以保护区一级保护野生动物命名的凉亭和廊道，有法治宣传的设施和版面，小桥跨流水、流水绕林间，行走在生态步道、穿梭在草地和树林之中，可寻找褐马鸡踪迹，探寻褐马鸡的秘密。大路垴观景台，建成于2007年，观景台塔高15米，共分4层。拾级而上，登高望远，庞泉沟全貌尽收眼底，云杉林、落叶松林、白桦林及其针叶混交林、针阔混交林历历可数，保护区的植被垂直分布状况和阴、阳坡植被差别一目了然，是感悟大自然、认知大自然的优选科普之地。生态教育小径，位于八道沟景区内，总长1.5千米，完工的森林步道逐渐成为公众观赏森林美景、学习自然知识的新场地，为公众提供了开展自然教育活动的新平台，初步形成了集观赏、体验、教育、科普于一体的自然教育新体系，满足人们日益增长的高品质多样化的户外研学需求。科普展馆——访问者中心（标本馆），馆内布展面积840平方米，一层为保护区基本概况和褐马鸡主题展示区；二层为保护区主要动植物标本展示区。全馆共收藏动植物标本1650余种3900余件，收集的鸟兽种类达到本区资源种数的80%以上，占到山西动植物种数的50%，是大自然的剖面，庞泉沟的缩影。

在信息化建设上，为了扩展自然教育和科普宣传，保护区于2010年开通了官方网站，2021年开通了微信公众号，申请了官方抖音平台，先后发表科普类文章300余篇，转发科普宣教内容800多篇，发表科普宣教视频30多个，公众点击量达12多万人次。2022年启动了智慧保护区综合管理平台建设，利用"互联网+"科技手段，从资源管护、科研监测、公众教育、生态旅游、办公管理、防灾减灾等诸多方面，进行全方位、系统化、自动化联动管理，实现信息化、数字化、可视化管理。

二、科普队伍

保护区科普基地配备有专职科普人员8名，兼职人员12名；其中3人是自然教育讲师。保护区的所有工作人员都注册了社会实践志愿者，具有十分丰富的野外工作经验和科普教育实践经验。通过多年的运行，基地逐步形成了以自然教育讲师为支撑，以专业技术人员为骨干，以兼职科普人员为主体，以社会科普志愿者为补充的科普教育人才队伍，从事自然教育和生态体验的师资力量比较雄厚。

每年都要组织科普人员参加科普业务培训，组织开展对外交流学习。先后组织专人参加了"吕梁山地陆生野生动物调查""黄河沿岸陆生野生动物调查"等培训活动，参加了全省林草科技创新论坛、第十一届全国鸟类学术研讨会、第七届北方七省（自治区、直辖市）动物学学术研讨会等；参加了山西、陕西、河北、北京等10个保护区建立的褐马鸡姊妹保护区联盟，同陕西牛背梁国家级自然保护区、南岳衡山国家级自然保护区、北京百花山国家级自然保护区开展了广泛深入的业务交流。2016年，国际雉类协会13个国家36名专家学者专程到庞泉沟保护区进行了访问交流。

三、科普作品

保护区40年来的建设和发展，与科研工作密不可分，保护区立足自身实际，坚持"请进来，走出去"的办法，与山西省生物研究所、北京师范大学等高校及科研单位合作开展科研工作，取得了显著的成果。总结40多年的工作，共参与国家级、省级科研项目9个；独立和参与10部专著的编写；单位科研人员独立、合作发表和参加学术会议论文达240余篇；大专院校、科研单位在庞泉沟保护区开展有关生物多样性研究，发表有关研究论文有260余篇。

保护区科普基地结合自身资源特色，拍摄制作了《褐鸡王国——庞泉沟》《关帝山里的珍禽异兽》等4部科普电视专题片；印制个性化科普宣传邮票和科普宣传画册《图说庞泉沟》2部；出版《山西庞泉沟生物多样性与保护管理》《走进庞泉沟》《庞泉沟常见高等植物图谱》《庞泉沟陆生野生动物资源监测研究》等4部专业科普书籍；《鸟兽杂谈》《草木小品》2部科普图书以及《中国珍禽褐马鸡》《庞泉沟国家级自然保护区》2部科普宣传画册；印制《野生动植物宣传手册》《庞泉沟国家级自然保护区珍稀保护植物》2部科普宣传册；制作《相约最美关帝·徜徉绿水青山》《绿色明珠庞泉沟》《庞泉沟保护区野生动物监测与保护》等5部普宣传短片；制作《庞泉沟保护野生动物集锦》等2部科普宣传微视频。

四、科普活动

保护区结合工作实际，每年组织专人经常性、长期性地开展森林防火、护林禁牧、林业有害生物普查、疫源疫病监测等常规性宣传活动，融合自然科普教育宣传，多措并举扩大宣传范围，提升公众保护生态环境意识，保护森林资源意识及保护生物多样性意识，维护生态环境安全，保护绿色美丽家园。此外，每年利用"世界野生动植物日""爱鸟周""国际生物多样性日""全国科技活动周"等重要时间节点，组织开展区域性重大专题科普宣传活动，累计悬挂宣传条幅280条，发放宣传折页35000多份，环保宣传袋10000余个，其他各类宣传材料20000余份，全面展示保护区近年来生物多样性保护工作成果，传播尊重自然、顺应自然、保护自然的理念，也让广大群众更多地了解保护自然的重要性，自觉成为生态文明理念的宣传者、践行者和传播者，从而保护生物多样性，共建人与自然和谐共生的绿色家园。

2021年以来，庞泉沟自然保护区科普基地坚持"基地＋研学"的科普模式，积极和太原市萌芽环保协会、山西 N.E. 自然教育学校开展研学旅行合作，依托庞泉沟的地理、生态和人文优势，集素质拓展、科学研究、主题教育、研学旅行为一体，开展综合性科普实践活动，提高青少年生态保护意识、创新精神和实践能力。目前，组织开展"走进庞泉沟、乐享研学游"主题夏营令活动9期，参与活动的人数超过500人，取得了良好的自然教育和科普宣传效果。

五、经营管理

（一）经费管理

保护区作为财政拨款公益事业单位，每年都有稳定的科普经费投入，保障科普基地正常运营，支撑科普基础设施维修维护，保证组织开展高质量和高频次的科普活动。作为扩大自然科普宣传教育的平台，保护区以生物多样性保护为主题，先后建设有生态宣传小径10千米，科普宣传牌100余块。2018—2022年，先后投入的科普教育经费达到了437.7万元，其中2022年科普经费总支出197万元。连续多年，庞泉沟自然保护区科普经费投入稳定增长，科普场馆规模不断扩大，参观人数持续增加，公众参与科普活动的积极性不断提高，从而推动庞泉沟科普事业稳定发展。

（二）制度管理

保护区是2016年国家林业局确定的山西省唯一的"示范保护区"。按照示范保护区建设完善内部管理制度的要求，考察学习省内外先进自然保护区的经验，以人性化、科学化、规范化、系统化为目标，总结保护区40多年来的建设经验和成就，制定出台了《科普基地管理办法》《生态标本馆管理办法》《生态标本馆科普基地讲解员培训制度》《庞泉沟保护区安全管理员岗位职责》《庞泉沟保护区科普工作奖励制度》等多项管理制度，工作机制运营规范，管理制度相对健全，科普管理工作规范有序，运营标准。

（三）科普品牌

保护区因地制宜，充分发挥自身优势以及所在地资源和区域优势，依托科研力量与监测平台发掘特色科普素材，努力打造形成了具有自身特色的科普产品品牌和科普活动品牌。其中，以"世界珍禽褐马鸡"为科普品牌，紧紧围绕褐马鸡的形态特征、生活习性、繁育饲养、适生环境、历史文化进行课程编排和内容拓展，延伸至生态系统、生物多样性、环境保护等多个方面，形成具有庞泉沟保护区特色的科普产品。以"走进庞泉沟、乐享研学游"为科普活动品牌，紧紧依托保护区的生态系统、自然景观、森林植被、野生动物和历史文化进行课程编排和内容拓展，给公众提供认识自然、走进自然、了解自然、尊重自然、保护自然的科普宣教平台，形成具有庞泉沟国家级自然保护区特色的科普品牌。

（四）科普基地

保护区科普基地通过多年的努力，在科普教育方面取得了良好效果，也得到了社会媒体的关注和广大公众的好评，中央电视台《秘境之眼》和《山西林业》杂志对庞泉沟保护区作了专版介绍。庞泉沟自然保护区科普基地先后获得"国家级示范保护区""全国科普教育基地""山西省爱国主义教育示范基地""山西省德育基地""山西省省级精神文明单位""山西省法治宣传教育基地""山西省林业和草原科普基地"等荣誉称号。2022年，经中国科学技术协会办公厅认定，庞泉沟国家级自然保护区成功入选"2021—2025年全国科普教育基地"，成为全国800家、山西省9家第一批全国科普教育基地之一。2023年，经国家林业和草原局科学技术司联合科学技术部共同审定，庞泉沟国家级自然保护区成功入选"首批国家林草科普基地"，是山西省唯一一家入选此基地的单位。

（撰稿人：孙丹丹）

利用世界生物圈保护区名牌
推进国家林草科普事业发展
——内蒙古赛罕乌拉自然保护区

赛罕乌拉国家级自然保护区位于内蒙古赤峰市巴林右旗北部，是一个以保护森林、草原、湿地、沙地等多样生态系统及珍稀濒危野生动植物为主的综合性自然保护区，总面积 10.04 万公顷。2000 年，经国务院批准晋升为国家级自然保护区；2001 年，由联合国教育、科学及文化组织批准加入世界生物圈保护区；2009 年，还被国际鸟盟确定为世界重点鸟区，同时也是国际自然保护地联盟和世界山地生物圈保护区成员。赛罕乌拉自然保护区（简称赛罕乌拉）地处大兴安岭南部山地，是草原向森林、东亚阔叶林向大兴安岭寒温带针叶林双重交汇的过渡地带，还是东北区、华北区、蒙新区动物区系的交汇点，现有野生动植物资源 3079 种，其中国家二级以上保护野生动植物有 73 种，自然资源丰富，生物物种多样，具有丰富的林草科普教育资源。

一、基础建设

赛罕乌拉科普基地现有科普教育场所 6 处。其中，室内 2 处，包括赛罕乌拉自然博物馆和赛罕乌拉访问者中心；室外 4 处，包括赛罕乌拉科研与教学实习基地、百草园、科普园、赛罕乌拉森林生态系统国家定位观测研究站，拥有多种户外科普设施，能够满足不同层次、不同形式科普活动的需要。

赛罕乌拉自然博物馆，面向大众，广泛宣传生物多样性保护知识，是重要的科普教育基础平台。博物馆展厅面积 2400 平方米，馆内以党建引领保护发展为主线，集中展示了赛罕乌拉多样的生态系统、生物多样性、人文多样性资源。馆内共分 16 个展区，以现代多媒体的展陈手段，全方位、多视角向公众展示保护区动植物、地质、人文历史及民族团结等内容。

赛罕乌拉访问者中心，建筑面积 1000 平方米，其中，多功能厅 500 平方米，主要用于接待游客及专家、学者。中心大厅放置宣传册、宣传单、光盘供游人取阅。走廊、房间悬挂反映保护区自然风光、生物物种等图片 40 余幅，配备了大型 LED 屏和音响设备，循环播放保护区各类专题片；门前放置大型宣传牌

自然博物馆野生哺乳动物展区

10 块，展示大型民俗文物 5 件。通过宣传教育，提升全民环境道德水平，牢固树立生态文明理念，养成低碳生产、生活方式。

赛罕乌拉森林生态系统国家定位观测研究站（简称生态站）综合观测楼 600 平方米，建有综合实验室 300 平方米，现有仪器设备 150 多台（套），实验室配备了全套的土壤理化性质分析设备，野外建有自动气象场、小气候梯度气象场、测流堰、森林动态监测大样地等野外气象、水文、土壤、生物等野外观测场地 30 多个。通过赛罕乌拉开展的科研监测及科学实验结论，不仅为赛罕乌拉健康发展奠定基础，同时也将创新作为引领发展的第一动力，为建设现代化经济体系提供战略支撑。

科普园占地面积 10 亩，总投资 50 余万元，设有大型展板 48 块，以"林草兴则生态兴"及"民族团结一家亲"为主题开展宣教活动。引导干部、群众正确认识"两山"理念的科学内涵，充分认识环境保护在推进中国式现代化建设中的地位和作用，并加强民族团结教育，推动全社会形成"三个离不开、四个与共、五个认同"的浓厚氛围。

百草园始建于 2015 年，占地 60 亩，总投资 60 余万元，赛罕乌拉在百草园开展"道地蒙中药材驯化、种植试验与技术推广"技术研究，不仅为解决社区发展与自然保护冲突、探究社区农牧民产业转型积累第一手数据，也为助力乡村振兴注入新力量。

二、科普队伍

赛罕乌拉安排了 37 名专兼职科普教育工作人员，其中有 9 人担任专职科普

教育人员，办公室、科研监测科、资源保护科派出 28 名工作人员担任兼职科普工作人员，赛罕乌拉生态站的博士、硕士、本科生 20 人为志愿者，由 20 余名专家教授作为客座人员，结合自身工作岗位，结合野外观测、科学研究、实习时间开展公众科普教育工作和劳动教育工作，成为科普教育的主力军，提高了科普教育的水平，扩大科普教育的覆盖面。

三、科普作品

2005 年以来，赛罕乌拉通过不断的积累，编撰出版了各类专著、科普读物《赛罕乌拉自然保护区志》《内蒙古赛罕乌拉国家级自然保护区陆生脊椎动物图谱》《赛罕乌拉国家级自然保护区生物多样性编目》《你我身边的自然保护区》《内蒙古赛罕乌拉大型菌物图鉴》《赛罕乌拉国家级自然保护区常见种子植物野外识别手册》《内蒙古半干旱区森林群落与气候变化》7 部，出版图书图文并茂，为人们了解赛罕乌拉提供了工具书和科普读物。其中，《你我身边的保护区》获得了梁希科普奖（作品类）三等奖、自治区优秀科普作品等诸多荣誉。编制了《赛罕乌拉自然教育手册》一套，满足野外研学之需，同时根据不同年龄段的学员情况，开设 7 节林草科普类特色课程，采用丰富多彩的互动模式和生动形象的教学方法，理论与实践相结合的形式，科普野生动植物保护知识。另外，2011—2021年发表硕士、博士学位论文 85 篇，发表中英文核心及其他学术期刊 162 篇，目前，赛罕乌拉正组织有关技术人员与河北大学合作编写《赛罕乌拉自然保护区蜘蛛类动物图谱》。

四、科普活动

为更好地开展公众科普教育工作，赛罕乌拉科普基地及自然博物馆全年向社会公众开放，开放天数 300 余天。赛罕乌拉结合生态旅游及科研等工作全面开展科普活动，年接待科普教育人数 30000 余人次。其中，博物馆年免费接待 20000余人次，访问者中心、生态站、实验室、观测场年接待人数达 10000 余人次。

赛罕乌拉借助重大时间节点开展重大科普活动，组织开展"世界野生动植物日"——保护野生动植物人人有责、"爱鸟周——保护鸟类资源 守护绿水青山"、"和谐草原，幸福巴林"——野生动植物保护进校园巡回摄影展、"中草药研学之旅"等科普教育活动；2019 年组织开展"世界野生动植物日"——水下生物：为了人类和地球、"爱鸟周"公益宣传活动、"全国科普日"——礼赞共和国、智慧新生活等公益宣传活动；2020 年，借助"六五环境日"在巴林右旗文化广场举办了"巴林右旗生态文明建设成就巡展"启动仪式；2021 年 5 月 8 日，开展了主题为"爱鸟、护鸟、万物和谐"——"爱鸟周"公益宣传活动；9 月 11 日开展了"全国科普日"暨流动科技馆揭牌仪式；内蒙古自治区科技厅的流动科技馆 2020 年 3 月至 2021 年 9 月在赛罕乌拉自然博物馆展览，充分发挥赛罕乌拉全国科普教育基地的作用，进一步向公众宣传爱护生态环境、保护野生动植物的理念，倡导他们在日常生活中自觉参与到"尊重自然、顺应自然、保护自然"的行动中来。

在科普合作上，赛罕乌拉除与 20 所科研院校保持良好关系开展科普活动以外，也成为大板三中、四中等七所中小学的科普课堂，同时结合融合党建工作，深入开展林草科普活动进校园、进社区等活动，与教育局、公安局、索博日嘎镇政府等部门多次合作开展科普宣传、研学游活动。

"爱鸟周"系列活动之学生签名活动现场

"世界野生动植物日"科普宣传进校园活动

五、经营管理

（一）经费管理

为有效支持科普教育工作的实施，赛罕乌拉建立较完善的科普经费保障机制，并将科普教育经费纳入单位预算管理，科普经费实行专款专用，稳定持续，能够保障经常性科普活动的开展以及展教设备的运行和更新。

（二）制度管理

赛罕乌拉制定了《赤峰市赛罕乌拉自然保护区科普经费使用管理办法》《赤峰市赛罕乌拉自然保护区科普基地活动管理制度》《赤峰市赛罕乌拉自然保护区科普人员培训制度》《赤峰市赛罕乌拉自然保护区科普人员管理办法》《赛罕乌拉自然博物馆免费参观预约办法》等 15 项管理规定和赛罕乌拉自然保护区科普工

作五年规划，建立赛罕乌拉应急处理机制，有效保证科普工作的开展。

（三）成果科普化

赛罕乌拉长期从事生物多样性调查与研究，2018年"赛罕乌拉国家级自然保护区野生动物多样性监测与保护技术研究"获得自治区科学技术进步一等奖，赛罕乌拉也始终坚持落实各项保护措施，近年来，由于采取了多种有效保护措施，赛罕乌拉保护区内林草繁茂，生机盎然，野生动物栖息地不断扩大，动植物种类和数量不断增加，生物多样性日益丰富。目前，赛罕乌拉林草覆盖率达到89.97%；与2011年相比野生动植物等增加了590种，达到3079种，其中野生哺乳动物增加7种，达到45种，鸟类增加15种，达到252种；爬行动物增加3种，达到11种；昆虫增加167种，达到758种；野生维管束植物增加68种，达到840种；菌物增加327种，达到622种。赛罕乌拉还保存了我国重要的野生中华斑羚种群和重要的东北马鹿种群，成为名符其实的"天然博物馆""物种基因库"，这些科研与保护成果为林草科普教育提供了有力支撑。

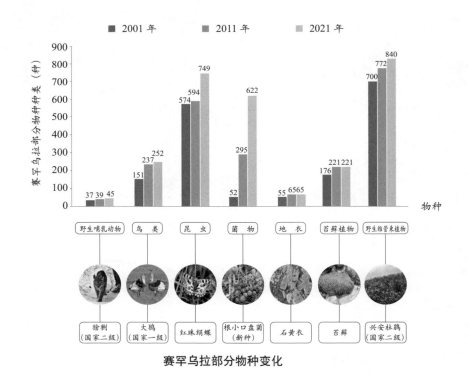

赛罕乌拉部分物种变化

（撰稿人：于春丽、姜飞达、洪美静、章庚）

做大做强呼伦贝尔大草原特色科普教育品牌
——内蒙古呼伦贝尔草原生态系统国家野外科学观测研究站

呼伦贝尔草原不但是我国最好的草原，也是人类珍贵的自然遗产，吸引着全国乃至全球从事草原研究的科学家。在中国科学院院士李博和中国工程院院士唐华俊共同倡议下，中国农业科学院农业资源与农业区划所从1997年逐步建立了呼伦贝尔草原生态系统科学观测野外站（简称呼伦贝尔站），2005年获批国家站。台站立足于现代草地生态学术前沿，引领全国同行开展草甸草原长期观测研究，先后成为"首批国家林业和草原局长期科研基地"、农业农村部"农业环境科学观测实验站"、国家林业和草原局"陆地生态系统定位观测研究站"，获得科学技术部"国家野外科学观测研究站优秀台站"和共青团中央、中央国家机关团工委颁发的"青年文明号"称号，2023年获批国家林业和草原局"首批国家林草科普基地"。

一、基础建设

呼伦贝尔站建设占地50余亩；实验用地5000余亩。台站现有基础设施——综合办公楼两栋，面积6200平方米，具备土壤实验室、生理生态实验室、生态遥感实验室、水文气象实验室、标本室和样品库等科研设施，拥有对草原生态系统进行全方位观测研究的设备432套。建有长期观测样地8个，面积6157亩；大型控制实验平台6个，面积3100亩，包括放牧实验平台、长期刈割实验平台、水分控制实验平台等。配备了完善的观测设施，开展了个体、种群、群落、生态系统到景观等多尺度观测，建立了1956年以来长时间序列草甸草原观测数据集。台站积累了自1997年以来的长期定位试验等土壤、植物样品2.3万余份，采集植物标本1000余种，已采集观测数据2000余万条。

呼伦贝尔站有专门的网站，网站设有专门的科普板块，向公众科普草原知识，吸引了大量热爱草原的大中小学生和投身草原事业的科研人员。每年汇交111个数据表、40万条数据。包括13个生物观测数据表、6个土壤观测数据表、7个水分观测数据表、85个气象观测数据表。呼伦贝尔站网站每年访问量3万～4万人次，在53个国家站中位列第10名左右；年均用户16万个左右，位列第15位左右。

呼伦贝尔站力求打造一个科研－科普功能一体化的开放式野外实验平台，形成区域草地生态创新中心。为此，呼伦贝尔站建立了不同区域草甸草地生态修复技术示范基地5个，示范面积超过16万亩；建立了县域尺度生态富民模式产业化示范区2个，包括1个国营牧场示范区、7个家庭牧场示范区，示范面积4.1万亩；通过农业农村部主推技术、内蒙古科技成果转化专项项目等方式，开展了技术成果的辐射推广。针对北方草甸及草甸草原的主要利用问题，面向国家和区域绿色发展需求提出了可持续发展政策建议6项，获得中央领导批示2项、省部级批示1项。

二、科普队伍

呼伦贝尔站目前有专职科普人员15人、兼职人员5人。站长辛晓平研究员荣获2018年度CCTV科技创新人物殊荣。目前，依托台站开展了国家重点研发计划、国家科技基础资源调查专项、国家自然科学基金委重点项目等。组织了草原科普夏令营、科普实习、科普培训和科普宣传等工作。夏令营方面，每年与全国各个省团省委、科学技术协会、青工委有合作，年均参加草原科普夏令营的全国大中小学生约200人次。科普实习方面，与国内外高校、科研单位进行合作，每年来参加科普实习的大学生、研究生约500人次。农牧民培训方面，对全国尤其是内蒙古自治区的农牧民进行科普培训。

三、科普作品

呼伦贝尔站擅长把丰富的科研资源转化为科普教育的理论研究、科普工具书和科普教育的拓展读本，聚焦在草原植物物种野外鉴定、公众科普牧草栽培以及为牧民及草原牧区基层技术人员培训等方面，2003年至今陆续出版了30多本中英文科普教育著作，其中蒙汉双语版《我国北方常见优良饲草》《北方饲用燕麦栽培技术》《人工草地建植技术》系列丛书，《中国主要牧区草原牧养技术》《中国主要栽培草地》《呼伦贝尔草原植物图鉴》《内蒙古苜蓿研究》《草甸草原生态系统》《中国主要栽培牧草适宜性区划》《乌蒙山燕麦》等，详细向牧民科普和介绍了牧草种类、牧草种植的方法和技术，为牧户种植规模化、管理标准化、作业机械化和饲草优质化提供帮助，为草原科学管理和保护修复提供科技支撑。

其他科普产品，包括科普论文、科普 APP 和软硬件开发等。每年撰写科普论文 60 篇，拍摄科普照片和视频若干；科普 APP 有草畜监测管理软件引种宝和野外数据 APP，草畜监测硬件设备软件有牧场宝 APP；硬件开发方面研制了草地生物量便携式测量设备，为草原科学管理和草畜平衡提供服务。

四、科普活动

呼伦贝尔站的科普活动以现有实验站的资源和平台信息资源的开放为基石。实验站的资源主要包括实物资源和数据信息资源。实物资源涵盖了实验站的样地、仪器设备、实验室等硬件设施条件；平台信息资源则包含了研究区的长期观

青年科技管理者体验式服务

"半干旱牧区天然打草场培育与利用技术研究与示范"示范推广现场会

2019 年呼伦贝尔学院生命科学学院参观学习

呼伦贝尔站每年举办向牧民的示范培训活动

2019 年接待甘肃中学生夏令营活动

四川"牧野季"亲子夏令营培训现场

青少年夏令营

呼伦贝尔站历年来举办全国亲子夏令营活动

测数据、实验数据共享等。实物资源的开放包括仪器设备和样地开放。样地开放方面，对外校及单位开放 10 个标准样地及放牧改良、人工草地栽培等平台。服务对象主要为政府职能部门和行业部门、科研院所、高校和企业，提供咨询服务、技术支撑、数据支持等，年服务超过 1000 余人次。

近 3 年，来自不同国家、不同高校院所、职能部门 75 家，来站的大学生、小学生及其家长、同行及专家达 800 余人次，线上科普受众约 3000 人次，不断扩大科普教育基地的社会影响。重大科普活动包括积极筹办了"第三届中国农民丰收节""2020 年全国科普日"，吸引了 100 余名小学生和家长前来参加活动，及 1100 余人次的在线观看并在评论区留言。此外，呼伦贝尔站还承办了农业农村部青年工作委员会组织的同吃、同住、同劳动"三同"活动，给超过 50 名青年科技管理者提供了基层劳动体验场所，在"三同"活动中，学员们提高了认识，锤炼了党性，密切了与群众的联系，大家表示将在火热现实和矢志奋斗中提高能力，立足岗位为建设"美丽中国"贡献新时代年轻干部力量。

五、经营管理

（一）经费管理

呼伦贝尔站基本运行费用为 140 万 / 年，设立有专项科普经费为 20 万 / 年，全面保障日常的科普运作。

（二）制度管理

制定了《内蒙古呼伦贝尔草原生态系统野外科学观测研究站林草科普工作管理制度》《仪器设备管理条例》等 12 项规定，建立野外科学实验站应急处理机制，有效保证科普工作开展。

（三）高端资源成果科普化

呼伦贝尔站长期从事我国天然草地的改良、草原土壤培育、数字牧场的研究，研制了天然打草场改良、草原土壤培育、草地高产栽培、草地控制放牧、数字牧场管理等实用技术，提出了农业农村部行业标准、地方标准 14 项。其中，"数字牧场技术" 2019 年入选农业农村部主推技术、"中国农业十大新技术"；调研报告《我国六大牧区的主要问题及对策：牧民财政补贴》获得国家领导人和部委领导批示，并为国家草原生态奖补机制出台提供了支持；《改良半干旱牧区天然打草场、促进牧区畜牧业发展》作为九三学社中央提案提交 2020 年全国两会、《关于完善围栏禁牧、优化草原保护》被人民日报内参采用并获得胡春华副总理批示，并通过政协组织为呼伦贝尔草原发展提供多项建议；"北方草甸草原生态修复与智慧管理技术"入选 2021 年国家"十三五"科技创新成就展。

（撰稿人：中国农业科学院农业资源与农业区划研究所　邵长亮、辛晓平）

发挥林草科普平台优势
传递现代化绿色文明风尚
——沈阳大学自然博物馆

　　沈阳大学自然博物馆始建于 2015 年，于 2016 年 6 月 1 日正式对社会公众开放，是一座集教育教学、科学研究、社会服务及标本收藏为一体的专题动物博物馆。自然博物馆立足辽宁，主要以我国北方森林和城市园林为研究对象，开展重要动植物生物多样性调查，有害昆虫、致病微生物的预警与防控，取得了一定的研究成果。自然博物馆又是沈阳大学本科、硕士学生的重要教学实践基地，在指导学生"挑战杯"全国大学生课外学术科技作品竞赛、"互联网 +"创新创业大赛等方面成绩显著。同时，沈阳大学自然博物馆凭借自身资源优势，长期从事科学知识传播和科学普及工作，通过学校相关专业积累的数十年教学和科研的动植物标本展示展览，向广大中小学生和社会公众普及动植物保护和生物多样性科学知识，传播生态文明建设及环境保护理念，践行"生态文明从我做起"的绿色文化。

沈阳大学自然博物馆冬令营活动

一、强化科普基地建设，提升科普展教能力

沈阳大学自然博物馆占地面积 2800 平方米，其中展区面积 1500 平方米，研究面积 1300 平方米，自然博物馆以"人与自然和谐发展"为主题，以森林和草原多种生物为重点展示，呈现了恐龙、哺乳动物、昆虫、生命廊道、贝类、鸟类等 6 个展区，陈列了来自全国乃至世界各地近 4000 件动物标本，陈列的标本包括贝类 1600 余件、昆虫 1000 余件、鸟类 630 件和哺乳动物类 110 件，其中包括国家一级、二级保护野生动物标本 50 余种。展馆储藏标本有来自全国不同山地和林区的动植物标本约 20 万件，其中包括由本馆科研人员命名的新物种模式标本 200 余种。此外，还有体验训练室、3D 放映室，参观者可以亲自观察和动手制作标本，感受自然之美妙，也可在 3D 放映室观看科教影片，感受科学与艺术的完美结合。

自然博物馆拥有辽宁省城市有害生物治理与生态安全重点实验室，有较强的研究能力和较高的知名度。近年来，承担和完成国家、省部级科研项目 80 余项，其中国家自然科学基金项目 15 项；发表论文 600 余篇，其中 SCI 收录 100 余篇；获得省部级奖励 30 余项；获得专利 30 项；出版专著 29 部。自然博物馆是沈阳大学部分专业学生的重要教学实践基地。学生在自然博物馆的标本制作中心开展教学实践活动，获得国家和省市级学科竞赛一、二、三等奖 200 余项，国家级、省级创新创业训练项目 70 余项。

自然博物馆在满足本校教学和科研工作基础上，以儿童、青少年，学生团体、亲子团体为主要服务对象，面向社会开放，是普及科学知识、传播大学文化、宣传自然保护、促进生态文明建设、开展爱国主义教育的综合服务平台，也是各类人群节假日旅游休闲、汲取科学知识的热门场馆。

在信息化建设方面，创建了自然博物馆官方网站，发布展馆快讯、科普教育及活动新闻、志愿者工作消息、科普知识信息、博物馆公告等 1000 余条，网站访问量达 131095 人次。运行官方微信平台，发布科普活动新闻、科普知识短文、日常工作信息 1000 余条，并与网友充分互动，稳定关注人数近 2 万人。其精心策划的科普及环保体验活动吸引了来自俄罗斯、德国、乌干达、美国、韩国、日本等 10 多个国家的参观者，新华网、搜狐网、新浪网、腾讯网、辽宁日报、沈阳日报、辽宁广播电视台、沈阳广播电视台、云盛京等 30 余家国家、省、市主流媒体均作了报道。

目前，沈阳大学自然博物馆已被命名为"全国科普教育基地""首批国家林草科普基地""辽宁省科学技术普及基地""沈阳市科普基地""辽宁省爱国主

参观博物馆

教育示范基地""沈阳市爱国主义教育基地""沈阳市青少年教育实践基地""沈阳市环保实践基地"。

二、优化科普队伍，提高科普服务水平

沈阳大学自然博物馆拥有一支以专业教师、科研人员、管理人员及在校大学生组成的科普队伍，现有专职科普人员 11 人，兼职科普人员 40 人，科普教师 45 人，大学生志愿者 600 余人。在中国科技志愿服务平台注册了"沈阳大学自然博物馆科技志愿服务队"，积极开展各类科技志愿服务活动，目前注册科技志愿者 683 人。

专职科普团队负责科普教育工作的策划、组织、实施、评估与再完善，保障科普教育工作的长期性、连贯性和可持续性。专、兼职科普队伍共同负责科普活动的课程模块研发，并组织实施，主题涵盖动物学、植物学、教育学、美学等方面课程。自开馆以来，累计组织科普

大学生志愿者服务队

讲座、科普报告及科普培训 300 余场，受众 7 万余人次。大学生志愿者队伍负责日常接待、秩序维护、担任讲解员工作，累计接待 4000 余人次，场馆维护工作 1000 余人次，参观讲解服务 300 余人次，志愿服务总时长达 2 万余小时。

自然博物馆不断加强科普队伍经验交流与合作，先后到台湾自然科学博物馆、国家动物博物馆、北京自然博物馆、周尧昆虫博物馆等进行参观、调研及学术交流，并邀请国家动物博物馆、中国农业大学等专家到沈阳大学自然博物馆交流，并指导工作。

2022 年，沈阳大学自然博物馆科技志愿服务项目分别被评为"全国科技志愿服务先进典型""辽宁省科技志愿服务项目典型""辽宁省学雷锋志愿服务'四最'先进典型"。

三、研发科普作品，丰富科普文化内涵

沈阳大学自然博物馆充分发挥高校的文化辐射功能，将科研成果与科普服务、科技成果展示紧密结合，不断提升科普服务创新能力，将高校服务社会的窗口面向大众。出版了《中外蝴蝶鉴赏》《辽宁省野外常见植物速查手册》《常见动植物标本制作》；编写了《沈阳大学自然博物馆介绍图册》《沈阳大学自然博物馆动植物保护工作资料汇编》《沈阳大学自然博物馆国家一级二级重点保护野生动物标本名录》《沈阳大学自然博物馆馆藏标本名录》等资料；录制了沈阳大学自然博物馆宣传片、2022 年科技周活动宣传片；制作了种子画、书签、书镇、蝴蝶 DIY、甲虫 DIY 画框等工艺品；设计印制了沈阳大学自然博物馆接待量达 5 万、10 万人次纪念信封、沈阳大学自然博物馆对外开放两周年纪念明信片、"二十四节气歌""中国梦·我的农业科技梦""保护生物多样性""四季平安"明信片等宣传资料，每年向参观者累计发放上述宣传资料 3 万多张。

四、打造特色品牌，激发科普内在动力

（一）珍贵稀有馆藏标本，为科普工作提供品质保障

沈阳大学自然博物馆的基本陈列以动物专题为主线，展示了生物多样性及其与环境的关系，构筑了一个看似平淡无奇，却处处展示大自然鬼斧神工的神奇世界。自 2016 年面向社会开放以来，累计参观者已突破 30 万人次，有 337 家中小学和教育机构、139 个单位组织集体参观。国内参观者来自 20 多个省（自治区、直辖市、特别行政区），国外参观者来自 10 多个国家。

（二）特色化科普"动手"实践活动，服务"双减"研学需求

沈阳大学自然博物馆开展科普知识讲座，向中小学生普及科学知识；开展动植物标本制作技能培训，锻炼中小学生的实践操作能力。

中小学生可以亲手制作动植物标本及工艺品，还能聆听昆虫专家开展的《昆虫世界》《不同品系果蝇的鉴别》《室外诱捕昆虫的方法》等科普知识讲座。目前，累计为337家中小学和教育团体提供科普知识讲座170余场，开展体验训练100余次，受众7万余人次，参观者参与度高，社会反响较好。辽宁省内50余所中小学及幼教机构与博物馆合作开展了研学活动、科普培训、冬夏令营、社会实践等科普活动，20余所学校把博物馆作为该校的教育实践基地，每年定期到博物馆开展教学实践活动。

标本制作　　　　　　　　　　走进大学实验室——显微镜下鉴别果蝇雌雄

（三）科普活动品牌化，彰显大学校园科普文化

沈阳大学自然博物馆创设了2个青少年科普品牌活动。

1. "博物馆奇妙夜"活动

活动内容采取馆内活动与馆外活动结合、现场观察与实际操作结合的方式，内容包括夜游博物馆、科普知识讲座、标本制作体验训练、室外黑光灯诱虫体验、马氏网捕虫体验、观看3D科教片、放飞蝴蝶、萤火虫等。项目寓教于乐，是知识性和趣味性的完美结合。

2. "走进自然博物馆、体验大学生活"游学活动

受众以博物馆为中心，零距离体验大学生活，感受隐藏在大学校园里别有洞天的科普文化。活动内容包括参观展区、大型科普讲座、走进大学实验室等。在数码显微实验室，给中小学生呈现了生动有趣的自然科学课，同学们使用显微镜观察动植物标本，微观世界的精彩令大家欣喜不已。

（四）依托"全国科技周"和"全国科普日"主题活动，提供科普活动精品支撑

沈阳大学自然博物馆举办"荧光之夜""我和昆虫有个约会""花开疫散后，研学正当时""防控疫情，敬畏自然""游自然博物馆，观多彩生物世界"等全国科技周和全国科普日等大型主题活动 20 余场。在了解、体验生物学知识的同时，感受到了大自然的奇妙，受到学生、家长及社会公众的高度欢迎。

全国科普日活动

全国科技周活动——观赏蝴蝶

（五）将课堂"搬进大自然"，拓展科普工作外延

沈阳大学自然博物馆每年组织大学生志愿者、中小学生到本溪大地森林公园、丹东老秃顶自然保护区等地辨识动植物种类、了解森林对人类生存的作用，激发同学们热爱大自然、保护生物多样性、保护生态环境的热情。组织专业教师到不同自然保护区考察和采集标本，这些标本一部分用于馆内展示；另一部分用于收藏和科学研究，其科研成果也会通过博物馆展示展览转化为科普教育素材，使参观者直观地了解生物学科前沿知识，培养学生科学探索兴趣和动手能力。

五、加强经营管理，保障科普活动开展

（一）制度管理

制定了严格的参观、实习、实践等各项管理制度、工作流程、安全、卫生工作等 12 项管理规定和应急处理预案，各岗位责任分工明确，有效保障科普工作顺利开展。

（二）项目管理

强化组织领导，制定年度科普工作方案，根据目标任务内容，提前准备科普活动所需空间、物品，安排人员，提前彩排，做好各环节衔接工作，确保各项任

务落实落细，保质保量完成任务要求。

（三）安全管理

定期开展活动安全意识教育培训，强化活动现场安全监察力度，确保科普活动安全有序进行。

（四）财务管理

设立专项科普运行经费，保障日常科普活动有效运行。专项经费严格按照沈阳大学相关财务制度执行。

（撰稿人：申美兰）

积极打造城市型自然教育体系
——上海辰山植物园

上海辰山植物园是上海市政府、中国科学院和国家林业和草原局合作共建的融合科研、科普、景观和休憩于一体的综合性植物园。全园占地面积207公顷，收集了来自不同国家和地区的植物1.8万多种（含品种）。

上海辰山植物园以青少年儿童为重点科普目标对象，面向中小学生研发一系列科普课程，为研学活动提供了资源保障。针对不同年龄段形成了不同特色品牌活动，面向幼儿的"宝宝坐王莲"活动，面向小学生的"辰山奇妙夜"科普夏令营和"小植物学家"训练营研学实践课程，面向中学生的"准科学家"培养计划以及面向学校的"校园植物课堂"，受到社会广泛认可。

上海辰山植物园以开放式、多层次的工作思路充分发挥风景宜人的特点，将文化品牌活动与特色植物相结合，举办"上海国际兰展""上海月季展""辰山睡莲展"等特色主题花展，以及"辰山草地广播音乐节""辰山自然生活节"等主题品牌活动，为游客搭建休闲娱乐的绿色平台。

上海辰山植物园拥有"全国科普教育基地""全国中小学生研学实践教育基地""全国自然教育学校""首批国家林草科普基地""上海市学生（青少年）科创教育基地""上海自然教育学校"等诸多称号。

一、基础设施

园内设置了水生植物园、蕨类岛、儿童园、月季园、蔬菜园、药用植物园等20多个专类园。由3个单体展览温室（热带花果馆、沙生植物馆、珍奇植物馆）和5个生产温室组成的温室群，成为物种保存和对外科普展示的重要窗口。此外，上海辰山植物园标本馆既为科学研究、标本种质资源保存提供了支撑，又是

热带花果馆

青少年科学普及的重要场所。

为了更有效地提升园区科普能级，上海辰山植物园在近年来大力加强科普教育场馆建设，以青少年儿童为重点目标群体，先后因地制宜地建设了科普教室、热带植物体验馆、4D 科普影院、小小动物园、儿童植物园、空中藤蔓园、攀爬网、树屋、海盗船等科普设施，成为园内科普活动开展的主要场所。

二、科普队伍

上海辰山植物园拥有 7 名专职科普人员，其中 3 名具有博士学位，2 名具有硕士学位。此外，上海辰山植物园还组建了一支由 160 名科普志愿者组成的团队，在各类科普活动中都有他们的身影，如科普游园会、"辰山奇妙夜"夏令营活动、主题花展科普讲解、研学活动等，积极助力上海辰山植物园的科普教育事业。

三、科普作品

上海辰山植物园为了更系统地做好科学传播，在综合园内特色植物资源和人才优势的前提下，原创策划植物相关系列科普作品，包括科普图书、论文、手册、课程折页、科普视频等。

（一）科普书籍和论文

上海辰山植物园科普团队结合科普项目研究，先后出版原创、翻译、编写科普书籍 30 余本，包括《植物的智慧》《植物的经营之道：趣谈植物化学与人类生活》《自然中的植物课堂》《醉酒的植物学家》《城市环境教育》《植物园的科学普及》等，还在《生物多样性》《中国植物园》等刊物上发表科普研究论文 10 余篇，其中发表于《科普研究》2021 年第 2 期的《植物科学教育的典型问题探讨：以"植物盲"为例》，是国内首篇探讨"植物盲"问题的研究论文。发表于《科学教育与博物馆》2021 年第 6 期的《面向城市儿童的自然教育——以上海辰山植物园为例》入选"中国知网"学术精要(2023 年 3 ～ 4 月)高下载论文，在知网上有超过 1000 的下载量。此外，每年发表科普文章 10 余篇。

（二）科普手册

策划印制具有上海辰山植物园特色的系列科普手册《兰》《月季》《鸢尾》《凤梨》《辣椒》《蕨》《水生植物》《辰山观鸟》《辰山花历》《珍稀濒危植物》《药用植物》《观赏草》《睡莲》等 18 本。

科普手册

（三）科普课程及学习任务折页

上海辰山植物园科普团队面向不同人群策划了"好吃的植物""了不起的色素""好闻的植物""坚韧的植物"等 30 个主题的课程折页，为中小学生策划制定了"雨林探秘""荒漠奇遇记""丛林探险记"等学习任务单，获得了师生良好的反馈。

（四）科普视频

科普团队经过长期拍摄积累素材，制作"花的故事"系列科普短视频，包含樱花、兰花、凤梨、睡莲、月季、鸢尾、食虫植物等 10 余个不同专题的内容；还结合上海市科学技术委员会科普项目，原创策划制作 5 集儿童系列科普动画片《辰小苗历险记》，时长共 30 分钟左右，收获了社会各界的认可。此外，依托上海市科学技术委员会科普项目，制作了"植物的生存智慧"系列科普视频，包括《雨林探秘》《荒漠求生》《水中精灵》《幽暗世界》《"肉食"植物的秘密》《高山上的生机》6 集，每集时长 20 分钟以上，在腾讯视频、微博等平台播放，获得高达 60 万次点击量。

四、科普活动

上海辰山植物园结合园内各类主题花展以及全国科普日等重要节假日，面向不同年龄的人群策划开发数十类科普活动。其中，"宝宝坐王莲""攀树活动""自然绘本阅读""昆虫旅馆""科普游园会""乐高自然"等科普活动逐渐成为园区常规科普活动。

经过不断的探索、迭代，上海辰山植物园拥有了"小植物学家"训练营、"辰山奇妙夜"夏令营等精品研学课程。"小植物学家"训练营是针对不同年级学生开发的为期 1 个月的系列研学课程，目前策划并开展了针对 3～4 年级的初阶版和针对 5～6 年级的进阶版，旨在培养孩子养成像科学家一样的观察、思考和实践能力，深受学生和家长的好评，并且在课程前后开展评估工作，发现参加训练营的学生对植物的意识、态度、知识方面都得到显著提升。"辰山奇妙夜"夏令营活动已经连续开展 10 年，成为沪上一大品牌活动，并获得 2022 年上海科普教育创新奖、科普成果奖（科普活动）二等奖。

"小植物学家"训练营结业

自 2019 年国庆节以来，上海辰山植物园联合上海人民广播电台推出了"经典 947·辰山自然生活节"，在国庆 7 天长假内呈现不同类型的主题展区，10 多场音乐戏剧演出与艺术体验营，融汇植物科普、文创市集、艺术巡游等为一体，把艺术表演的舞台搬进大自然。

"校园植物课堂"是上海辰山植物园近年重点打造的科普品牌活动，以上海为主，辐射长三角地区，是上海辰山植物园依托植物园内的资源，走向社会，快速扩大科普工作影响力的典范，共有近千名中小学教师报名参与本项目，为 300 余所中小学及幼儿园挂上了定制的植物铭牌；为 500 所学校寄送了种子教具盒和马兜铃种植套装；前往 60 余所学校开展植物科普讲座。因前期良好的社会反响，项目于 2021 年年底获得了上海市科普基金会的专项资助。2023 年"校园植物课堂"获得中国林学会第十一届梁希科普奖（活动类）。在此基础上，2022 年 11 月，由上海辰山植物园发起，联合成立了长三角植物园科普联盟（共 7 家植物园），长三角地区植物园的科普工作迈上新的台阶。

为植物挂铭牌

五、经营管理

（一）经费管理

上海辰山植物园每年有完善的财政经费保障，加之各项课题经费支持，为科普工作的开展建立了经费保障机制。此外，上海辰山植物园制定了完善的财务管理制度，严格按照经费预算和财务管理制度执行，保障了科普工作的正常开展。

（二）制度管理

制定了《上海辰山植物园科普教育场馆管理办法》《上海辰山植物园政务信息工作管理办法》《档案管理暂行办法》《上海辰山植物园科普志愿者管理办法（试行）》《上海辰山植物园安全生产事故应急预案》等各项管理制度，建立园区应急处理机制，有效保证科普工作顺利有效开展。

（三）成果转化

为把优质的科研、科普成果推广到更大的市场和平台上，上海辰山植物园与多家学校、单位、机构等合作开展了成果转化项目，如为松江一中开展"准科学家计划"，为上海师范大学第二附属中学开展"未来生态学家计划"，与复星集团合作开展"绿色星球"夏令营、"奇妙自然探索营"等，与万科集团合作开展"甜蜜课堂"。成果转化项目产生了一定的社会效益，能够让更多群体受益，上海辰山植物园将持续推进优质成果的社会化进程。

（撰稿人：王凤英）

为野生动物创造美好未来
——上海动物园

上海动物园于 1954 年 5 月 25 日正式向公众开放，经过近 70 年的励精图治，发展成为我国国内知名动物园，园内饲养展出各类野生动物 470 余种 5000 多只（头），种植树木近 600 种 10 万余株，先后被评为"全国科普教育基地""上海市科普教育基地""首批国家林草科普基地"等。

一、基础建设

上海动物园对外开放面积 74 公顷，分设两栖爬行、鸟类、食肉、食草、灵长五大动物展区，以生态化展区向公众传递野生动物及生态环境保护知识。这里生活着大熊猫、川金丝猴、华南虎、扬子鳄等我国特有珍稀野生动物，还有来自亚洲的丹顶鹤、亚洲象、缅甸蟒；非洲的长颈鹿、大猩猩；美洲的树懒、金刚鹦鹉；澳大利亚的袋鼠、鸸鹋；环极地地区的北极狼等，其中国家一级保护野生动物 50 余种。这些动物从世界各地齐聚上海动物园，构成了一个名副其实的动物"地球村"，广大公众足不出沪，就能看遍全球代表性动物。上海动物园不仅野生动物物种资源丰富，而且近年来已对全园 90% 的动物展区进行生态化改造。既顺应动物的生活习性，提供更好的动物福利；又能提升游览体验，使游客仿佛置身于动物的原栖息地。

上海动物园除了展出大量珍稀动物以外，为了营造与动物相适应的生态环境还种植了大片植物。上海动物园共有绿化面积 49.82 万平方米，拥有 10 万平方米开阔的大草坪，园内种植 600 多种 10 万余株树木。上海动物园在 60 多年发展过程中，不断调整和增加植物种类，形成大草坪、大树林的优美环境。园内种植女贞、小叶女贞、桑、榆、构树等 10 余种乔灌木，丰富多样的植物还吸引了不

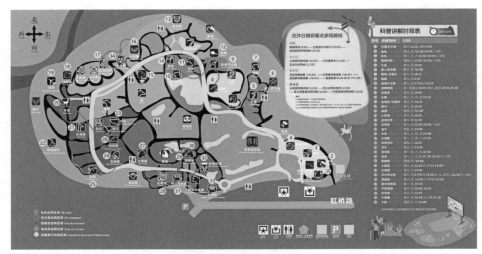

上海动物园游园地图（附科普讲解时间表）

少野生鸟类和昆虫，拥有较高的生物多样性。

园区还配有多种室外基础设施——设有 80 余根导向牌；在每个代表性动物展区都设有兼具趣味性、互动性的展牌、导向牌、雕塑、互动设施、多媒体设施，800 余处 2000 余块，并且每年进行维护和新增。同时，园区积极利用多种新媒体手段拓展科普影响力。科学教育馆设有科普展厅、自然教室、报告厅等，为开展各类科普活动、举办讲座提供场地。上海动物园已形成以科学教育馆为中心、以整个动物园为舞台的大科普教育基地模式。

二、科普队伍

上海动物园有 11 名专职科普人员，包括分管领导 1 名，科普宣传科 6 名及科教组 4 名。此外还有一支由技术专家、饲养员、志愿者组成的兼职科普人员队伍，包括专家及饲养员 80 余人，注册科普志愿者 400 余人，为各类科普活动开展提供人员支持和保障。

上海动物园开展的饲喂讲解工作是由饲养员将工作经验和动物知识相融合，向游客传达动物科普知识，以及热爱野生动物、保护野生动物的理念。截至 2022 年年底，共计 35 个岗位 70 余名饲养员参与饲喂讲解，进一步丰富游客的游园体验。2019—2025 年，饲喂讲解工作累计完成 5000 余场次，其中"企鹅漫步科普行""金刚鹦鹉科普讲解""灵长动物科普秀"等已成为市民喜爱的热点项目。这些兼职科普饲养员还在其他科普活动中担任讲师，如"动物奇妙夜""自然课堂"等，大大充实了自然教育讲师队伍。为提高饲养员讲解水平，上海动物园邀请专业老师培训、指导，培养了一批具有较高科普讲解能力的年轻饲养员，许明蕾获得 2017 年全国科普讲解大赛总决赛二等奖和最佳口才奖；金子敏的作品《老虎屁股摸不得》获得上海市科学技术协会 2018 年"王牌诠释者"冠军、2022 上海市绿化市容行业首届科普讲解员大赛冠军。

上海动物园自 2005 年开始组建志愿者队伍，志愿者工作内容从最初的展区讲解扩展到劝阻投喂、科普车讲解、摄影摄像、话剧表演等。目前，已形成包括 13 所高校志愿者团队、100 余人社会个人志愿者及 30 人左右的老科学技术工作者协会（简称老科协）志愿者队伍，共计 400 余人。志愿者队伍庞大，在动物园保护教育工作中发挥强大的社会力量。上海动物园为更好地调动志愿者积极性，发挥社会协同作用，更有效助力野生动物保护事业，定期开展志愿者保护教育相关项目招新、培训、考核和表彰。鼓励、引导科普志愿者，通过自编自导科普话剧、快闪等更具感染力的原创科普教育宣传手段，吸引更多公众关注并参与野生动物保护。2022 年，科普志愿者开展劝阻投喂、科普车讲解、活动辅助、摄影等服务 667 人次，获"2022 年度长三角优秀科技志愿服务组织"称号。

三、科普作品

上海动物园同时注重科普读物的开发，科普团队挖掘基地资源，先后整理总结资料，2019 年起连续出版《动物奇妙夜》《不一样的乡愁》《探究动物心底事》《探寻动物园往事》4 本科普书籍，分别从上海的夜行性动物、上海及周边地区的乡土动物，以及上海动物园的优秀案例、动物园史为出发点，以生动的视角向读者科普动物的生活习性、在野外的分布及种群现状等内容；设置了探索学习单，通过用心观察与倾听讲解，获得观察实践学习单的答案；还可通过扫描二维码观看和聆听动物行为音视频。图书充分考虑了青少年好奇心强、求知欲高的特点，为青少年设计了延伸拓展题，可以作为单纯的科普读物，也可作为上海动物园活动配套教材使用，受到了广大读者的欢迎。

《动物园之友》是一本由上海市绿化和市容管理局主管，上海动物园主办编印的面向动物园行业的资料性科普刊物，于 1995 年创刊，为半年刊，目前共计出版 68 期。内容以上海动物园当年的重大活动事件、动物繁殖交流为主，真实记录动物饲养管理的业务动态，反映园内职工的精神风貌，展示上海动物园作为野生动物专业类公园的行业风采。

近年来，上海动物园拍摄《都市里的诺亚方舟》《大猩猩的一天》《花冠皱盔犀鸟繁殖记》《走进上海动物园》等科普微电影，从各个角度展示了上海动物园野生动物开展的饲养、繁殖和科普工作，传递现代动物园的先进管理理念。《都市里的诺亚方舟》在"科普中国"2018 全国林业和草原科普微视频创新大赛中被评为"林业科普优秀微视频作品"。

科普折页在科普活动中发挥重要作用，既可提供活动背景的知识介绍，也可用于互动学习和评估。上海动物园在多次科普活动中设计自主探索活动折页，引导游客通过观察动物、看教育牌示、听饲养员讲解等渠道自主探索完成任务单上的问题，并从中学习保护教育知识。这种形式将园内各类教育资源有效结合，游客可以轻轻松松进行自主学习；且不受场地、人数及人力限制，能有效提高展示教育成效，扩大活动影响力。2018 年，"游客自主探索活动"被中国动物园协会评为"公众教育最佳范例"。

四、科普活动

上海动物园借助自身独特的自然资源，以园内饲养的各类野生动物为载体，通过线上线下多种展教形式，开展丰富多样且互动性强的保护教育活动，结合动物保护教育原则，从保护情感、保护知识、保护行为三个方面对游客加以引导，在多种活动中积累经验，最终以更好的形式、更丰富的内容、令市民更喜爱的风格呈现在公众面前，为形成一个完整的保护教育体系打下基础。所形成的精品科普参观路线也为城市中心的学校科普教育提供了方便，为今后的自然科普教育建设与发展打造良好的基础。上海动物园以"生肖文化系列活动""动物奇妙夜""蝴蝶展""世界地球日""动物生活节"五大精品活动为品牌项目。

"生肖文化系列活动"以生肖文化为切入点开展系列科普活动，引导青少年了解生肖相关的野生动物知识，培养正确的生态道德观。上海动物园饲养展出470 余种野生动物，能从中找到对应的十二生肖相关动物原型。与生肖相关的活动更能激起参与者的关注、从而建立同理心，有助于激发参与实践的主观能动性，克服消极道德情感，促进良好生态道德行为习惯的养成。

"动物奇妙夜"在傍晚和夜间观察圈养与乡土夜行动物，有效缓解青少年"自然缺失症"，拉近公众与野生动物的联系，提升城市的生态文明水平。在室内动物全接触环节，选择昆虫、两栖爬行类作为观察对象，使参与者能近距离观察它们，拉近公众与野生动物间的联系。活动得到了市场的认可，活动名额一经发布，几分钟内便被抢购一空。

动物奇妙夜

蝴蝶展·蝴蝶放飞

"蝴蝶展"通过对上海乡土蝴蝶活体、蝶蛹等展示，反映上海乡土蝴蝶生物多样性的丰富；通过开展一系列有趣并富有知识性的活动项目，着重展示市民身边的蝴蝶，展现蝴蝶与人类的密切关系。

"世界地球日"围绕国土资源部（现自然资源部）公布的主题开展相关活动，充分贯彻绿色环保理念、注重生

动物生活节

态系统平衡，契合"世界地球日"以人为本、从生活出发、进而回归自然、保护环境的发展理念，以舞台表演加集市互动的形式开展，已成为上海动物园乃至长宁区具有国际影响力的品牌活动。

"动物生活节"作为2021年上海动物园全新打造的品牌项目，以倡导动物福利观念和宣传生物多样性保护理念为目的，将"人与自然是生命共同体"理念融入自然教育。通过向市民游客展示上海动物园在提升动物福利方面所做的努力，让大家了解动物丰容和动物行为训练等现代动物园动物福利方面的专业工作，进一步做好生物多样性保护与公众认识之间重要的桥梁和纽带。

五、经营管理

上海动物园设置完善的管理制度，制定制度汇编155项，分为经济管理篇15项、人事管理篇14项、党群篇6项、安全生产篇19项、综合管理篇22项、饲养管理篇10项、兽医管理篇5项、科研科普篇4项、其他60项。在科普经费方面，上海动物园建立较完善的科普经费保障机制，执行经费预算制，设立专项

科普经费保障日常的科普运作。

随着时代和观念的改变、野生动物保护意识和生态文明理念的提高，目前上海动物园正处在从传统动物园向现代动物园转变的过程当中，其主要职能也进一步转变为综合保护和保护教育这两大职能。作为集野生动物繁育与保护、科学研究、科普教育和休闲娱乐于一体的综合性公园，保护教育，即动物园的科普教育工作被提升至一个史无前例的新高度，对科普工作带来了新的机遇和挑战。

上海动物园面向全社会普及野生动物保护相关知识，呼唤公众参与野生动物保护工作，成为野生动物保护事业发展的最有效助力。

（撰稿人：吴桐）

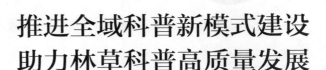

推进全域科普新模式建设
助力林草科普高质量发展
——杭州植物园（杭州西湖园林科学研究院）

　　杭州植物园创建于 1956 年，是新中国成立以来的首批 3 个植物园之一，地处世界文化遗产地——杭州西湖风景名胜区，占地 248 公顷，是一座具有"科学内容、公园外貌"的综合性植物园。园内建有植物分类区、经济植物区、竹类植物区、水生植物区(蔷薇园)、百草园、盆栽园等 15 个专类园区，其中灵峰探梅、玉泉鱼跃两大景点享誉国内外。园外建有西湖龙井茶种质资源圃、龙坞花圃（杭州市新优特花卉繁育展示中心）和径山苗圃（杭州市绿化树木储备中心）等圃地。杭州植物园始终坚持种质资源保护、科学研究、科普教育和游览休憩 4 项主要职能并举，不仅是西湖边一座珍贵的植物资源宝库，也是植物学研究和自然科普教育领域的重要基地。先后被授予"全国科普教育基地""中国风景园林学会科普教育基地""全国野生植物保护科普教育基地""全国林业科普基地""浙江省科普教育基地""浙江省生态文明教育基地""省级'互联网＋'全民义务植树基地""自然教育学校（基地）""杭州市青少年科普教育基地""杭州市第二课堂活动基地"等荣誉称号。

一、加强基础建设，丰富科普展陈内容体系

　　近年来，杭州植物园结合园区科普功能需求，不断加大科普设施的投入。在科普铭牌、科普标识系统的建设方面，持续拓宽植物铭牌的展示范围，推广会"讲故事、背古诗"的语音解说植物铭牌。自主开发"跑进自然"在线植物科普信息查询平台系统，目前已收集 5000 种植物科普信息，制作悬挂 1 万余块科普铭牌。利用专类园与景点中的花架廊道，设立"跟着课本游植物园""中国盆景艺术""梅花文化"等专题科普文化长廊；利用园内座椅普及近年生物科技方面

的重大事件及纪念日信息，为公众自主教育提供了良好场所。同时，以"植物科普文化"输出的方式，拓宽"微型展览＋科普课程"的渠道，提升综合办展能力。

园区设有科普报告厅、教学院、农耕园、植物资源馆等科教场所。2021年建设完成的植物资源馆面积约3000平方米，全馆主体包括5个常设主题展区及自然教育智慧空间，利用互动式的声光电效果，让参与者在潜移默化中学会保护环境，理解生态平衡的重要性。馆内另设有学术报告厅、第二课堂活动区、开放式临展厅等，打造集植物展览、科普、实践、讲座于一体的智慧资源馆，形成植物园集聚人气的"新名片"。

二、创新科普模式，塑造特色科教文旅品牌

杭州植物园从2014年开始逐步以"第二课堂""科学松果会""研学植物园""自然学校"四个特色科教平台为载体，有效整合资源，策划特色科普活动与项目。从2008年起持续开展中小学生春秋游、社会实践活动，积极探索自然教育研学实践课程体系设置，青少年"第二课堂"年均刷卡量近50000余次。"科学松果会"每年约有1500户家庭3000人次参加活动，得到了杭州市科学技术协会、杭州市教育局等部门的高度肯定，并将其作为重点项目扶持。杭州植物园深耕园区特色资源，着手塑造富有标识、个性鲜明的"林间枝下跟我玩"特色科教文旅品牌，陆续推出"自然嘉年华""生态文明小主播""自然笔记特训营""自然市集"等知名活动，以切实有力的行动积极推动科学普及服务大局。成功举办7届"自然嘉年华"，带动数万人参与自然体验、自然教育活动，深受市民喜爱，在提升杭州植物园人气的同时也提升了公益知名度，吸引众多自然教育机构的交流合作，促进了自然教育平台建设。2019年，"全国自然嘉年华"获中国林学会第八届梁希科普奖，肯定了自然嘉年华在面向公众科普方面的贡献。杭州市"生态文明小主播大赛"先后吸引了100多所学校学生参与，线上投票访问数达到1092256次，共收到投票1380382张，2021年获"全国科普日优秀活动"；2022年获"全国科普日活动优秀组织单位"等荣誉称号。

三、拓展宣传媒介，优化智慧自然教育基地

利用杭州互联网之城的地理优势，拓展和提升社会设施资源的科普服务能力。通过线上智能化互动平台，线下自助体验，以及线下参与自然教育课程三个运营模式，致力于打造国内第一个智慧化自然教育基地示范样板。

基于各专类园与景点和特色物种，分别向支付宝"答答星球""益起猜"输出问答题目，形成古树名木、常见鸟类、植物文化、珍稀濒危植物等专题板块；联合桃源里自然中心发动公民科学项目，将物种信息上传至阿里达摩院万物识别系统，公众将通过 VR 等技术用扫一扫功能即时识别物种；规划设计园区公众导览路线，与民间植物达人、绿马甲志愿者、《博物》杂志等机构合作，创作自然导赏讲解词，录制上传至高德地图语音包，推出"聆听大自然"系列语音讲解线路；通过"一片叶子的神奇之旅"自然教育径，"语音植物铭牌""云赏花"线上直播、科普展板、智慧导航等，增加自助式科普体验，丰富科普的活动方式。建成专业化、数字化、智能化的植物资源馆，"树洞里"智慧展厅以重启"生命之树"为游戏主线，设置互动展项，旨在通过沉浸式数字化互动体验，全方位唤醒孩子们的感观。

四、开发研学课程，厚植自然教育科普品牌

杭州植物园是全国和省、市科普教育基地，有专业的科技和科普力量，多年来始终坚持科研、科普双翼发展，先后编印《花中西施——杜鹃花赏析与历史文化》《山野珍馐——杭州常见野菜及食用安全》等科普手册，发行近 10 万册；出版发行了《杭州植物园草本植物图鉴》《杭州珍稀濒危与重点保护野生植物》《走进身边的科普场馆》等多种科普书籍。推出"云游灵峰""珍稀濒危植物""植物世界真神奇""植物园里的秘密""自然有意思"系列科普视频，策划拍摄《植物界的乔装大师》《植物界的武林大会》《种子的远行》等优质科普动画视频，分别获得"全国优秀科普微视频""全国植物科学科普短视频大赛银奖""中国花卉协会二等奖"等殊荣。

针对不同年龄段的青少年，开发趣味研学课程，开展"植物研学""跟着课本游植物园"，结合《植物园里的自然探索》《自然教育在身边——桃源里自然中心教案集》两册教案中涉及百余个课程，开展科普实践体验。该系列研学课程，充满趣味性和科学性，不仅为公众提供更多元化、独具特色的自然教育课程，也为自然教育行业的相关自然保护地、机构、基地和从业人员提供重要的专业支持。

近几年在杭州植物园以游戏、体验、探索、动手等不同学习方式带领公众走进自然、了解自然进而保护自然。自主设计开发 51 个课程的自然教育课程以"在地"具象的大自然为载体，包含博物、节气、手工、生物多样性等方面，从观察探索类、环境保护类、手工制作类、自然笔记类等角度，以启迪想象力和创造力为方向，跨学科融合，激发公众关注身边环境，深度思考人与自然的关系，在大

自然环境中设计和开展自然类课程。设计的"自然笔记特训营""给未来一片绿色"连续两年获自然教育课程设计大赛入围奖。

五、强化队伍建设，发挥优质团队聚合效应

杭州植物园结合机构设置调整，明确科普工作的目标和相关工作要求，由植物园领导全面负责科普工作的规划与部署，明确工作职责和主要任务，合理进行人员安排，并将科普工作纳入月度、年度工作考核目标。科普文创部负责日常科普工作的开展，包括组织和策划各类科普文旅活动、设计开发研学课程以及科普场馆、科普展览、植物铭牌、科普宣传栏的内容更新充实提升。同时，与团委、办公室、园林科技部、科研管理部等部门协调，组建科研专家＋技能大师＋科普人员的科普师资力量，推动科普工作的良好运行提供支持与保障。制定了《杭州植物园实习基地共建管理办法》《杭州植物园客座研究员管理暂行规定》《杭州植物园图书馆管理规定》《杭州植物园树木认养管理办法》《杭州植物园科普宣教工作管理制度》《杭州植物园科普讲解员管理办法（试行）》等有相关规定管理办法。

截至 2023 年 1 月底，杭州植物园在编人员中有管理人员 39 人，专业技术人员 92 人(其中双肩挑 16 人)，工勤人员 20 人。专业技术人员中，正高级岗位 5 人，副高级岗位 17 人，中级岗位 32 人，初级及以下 37 人。在职人员中，有博士学历人员 2 人，硕士学历人员 21 人，本科学历人员 71 人。有杭州市高层次人才分类 E 类人才 7 人，D 类人才 4 人；入选杭州市"131"中青年人才培养计划第一层次培养人选 1 人，第二层次培养人选 1 人，已形成一支实力较强的科技队伍。

杭州植物园定期组织培训、学习交流或参与各项科普课题研究。2019—2022年，共组织包括走进中草药世界、植物与环境、珍稀濒危植物保护、梅花认知等 50 余场主题学习，参与科普能力建设、自然教育培训、科普职业技能等培训15 场，开展相关课题研究，考察上海植物园、上海辰山植物园、浙江自然博物院（安吉馆）等国内先进植物园、展馆，通过自学、互学等形式，提升人员素质，提高科普能力。2019—2022 年，科普人员参加国内各项专业比赛，分别获得全国林业和草原科普讲解大赛一等奖、二等奖、三等奖，杭州市科普职业技能竞赛优秀奖等众多奖项。

六、挖掘自身亮点，打造独具特色文创产品

拥抱市场机制，推进文化和旅游科普社会化。加大优质科普产品和服务供

给，促进市场营销与科普推广有机结合。将植物的自然之美与艺术之美融为一体，设计推出图案印刷品、日用文具、礼品用品等 5 个系列 18 种"林间枝下跟我玩"系列文创产品。包括笔记本礼盒、手提袋、口罩、帽子等。其中，"林间枝下跟我玩"笔记本礼盒入选"锦绣华章"2022 长三角民间艺术文创大展文创作品。借助项目推广 IP 品牌的外力发展，与企业深度合作，推出联名文创产品。杭州植物园联合鹿早书店出版植物科普类绘本《你好，植物园》，以童趣方式引导孩子了解物种知识，绘本在各类公众平台宣传曝光量达 12000 人次以上。

杭州植物园依托植物园资源优势，以科学文化涵养人、以科技知识充实人、以科普作品感化人、以科技体验激发人，不断拓展文化和旅游内涵，推进多层次科普公共服务及市场化科普文旅产品开发。

（撰稿人：张海珍、刘玲萍、金怡、陈丽丽）

践行生态文明思想　助力生态人才培养

——浙江农林大学植物园

浙江农林大学位于杭州市、杭州城西科创大走廊的西端，是浙江省人民政府与农业农村部共建高校、浙江省人民政府与国家林业和草原局共建高校、浙江省重点建设高校。在生态大学办学理念的指引下，浙江农林大学植物园始建于 2002 年，校园与植物园"两园合一"进行建设，被誉为"一个读书做学问的好地方"。浙江农林大学植物园始终把"以人为本"的育人理念与对生态和科学的尊重有机结合，培养学生崇尚自然、与自然和谐相处的生态观。作为农林类专业的教学科研实习基地，承担着林学、生物技术、中药学、生态学、农学、茶学、植物保护、园林等20 多个专业的教学科研实习任务，切实将生态育人理念贯穿人才培养各环节。

一、矢志不渝加强植物园建设

浙江农林大学植物园现占地面积 2000 余亩，以"崇尚自然、优化环境，因地制宜、特色鲜明，以人为本、天人合一"的规划理念为指导，建有松柏园、木兰园、金缕梅园、蔷薇园、槭树园、杜鹃园、桂花园、山茶园、翠竹园、珍稀植物园、果木园、棕榈园、茗茶园、百草园、月季园、岩生园等 16 个专类园，水景园、院士林、森禾园、温州园等 9 个特色园。收集蕨类植物、裸子植物和被子植物 3300 余种（含部分种下等级），含 215 科 1023 属。其中，国家重点保护野生植物有 42 种，国家一级保护野生植物 7 种，国家二级保护野生植物 35 种。进行迁地保护的重要物种有百山祖冷杉、普陀鹅耳枥、天目铁木、银缕梅、羊角槭、细果秤锤树等种类，连续多年在中国大学植物网联盟发布的中国大学校园植物种类数量排行榜上名列榜首。

结合农林学科特色建有植物标本馆、中药材馆、张齐生院士红木标本馆等室内科普场馆 7 个，建筑面积 3500 余平方米，其中植物标本馆收藏有以浙江省为主的植物腊叶标本 11 万余份，珍藏有蜡梅科蜡梅属、豆科红豆树属等新分类群模式标本 30 多份，省级以上地理分布新记录凭证标本 250 余份，以及国家重点保护野生植物标本 80 余种 400 余份，其他珍稀濒危植物标本 1000 余份。

整合校内外科普教育资源，发挥亚热带森林培育国家重点实验室、国家木质资源综合利用工程技术研究中心、生物农药国家地方联合工程实验室、汉语国际推广茶文化传播基地等国家级科研平台科研优势，建设了两条科普走廊——"生态走廊"和"人文走廊"2 条研学路线，面向公民大众传播生态和林草科技知识，提升全民科学素养。

二、专兼结合提升科普队伍能力

浙江农林大学高度重视生态文明和科普教育工作，2002 年设立植物园管理办公室，负责植物园管理与科普教育日常工作。依托浙江农林大学人才优势，拥有一支实力雄厚的科普专兼职队伍，其中专职人员 9 人，兼职队伍 43 人，专兼职队伍中有国家"万人计划"等国家级人才 10 人，浙江省科普专家 5 人；成立了"青鸢生态科考协会""校园植物园研究协会"2 个学生社团志愿者队伍，成员达 400 余人；建立了一支以本科、硕士、博士人才为主的生态科普志愿者服务队伍，下设生态文明思想宣传、生态环境知识科普和生态文明行为示范 3 支分队，每年超过 3000 人参与各类科普志愿者活动，生态科普志愿者服务队伍被评为浙江省"青年文明号"。

三、充分发挥科技优势创作优秀科普作品

浙江农林大学植物园充分发挥学科特色和科研优势，针对林草领域社会关注的热点问题创作科普作品。运用浙江农林大学自主研发的刨切微薄竹技术制作印刷的录取通知书，被称为"最有科技含量"和"值得收藏一辈子的"科普产品；竹林碳汇团队创作的动漫科普作品《我是吸碳王》观看阅读量超 15 万次，荣获梁希科普奖（作品类）一等奖；《"微"故事——微生物的前世今生》科普漫画图书荣获梁希科普奖（作品类）二等奖，2019 年 10 月被教育部列入《2019 年全国中小学图书馆（室）推荐书目》；《中国竹文化》《走进现代林业》《药用花卉赏析》等 15 门科普课程，通过直播互动大课堂、视频公开课等形式向社会开放；出版了《浙江农林大学常见植物图鉴》《红色征程植物展》《野外观花手册》等科普书籍 20 余套；推出的防疫香囊、车载竹碳包系列、低碳卡通水杯系列等低碳文创产品深受大众喜爱。

四、精心打造"一院一品"科普活动品牌

浙江农林大学植物园依托学校生态科技优势，立足学科专业特点打造"一院一品"科普活动，开展了一批特色鲜明的科普活动。

（一）植绿、爱绿、护绿"三绿"行动

连续 20 年开展植树活动，累计近 3 万人次师生和 1000 余个家庭参加，植树 4 万余株，浙江农林大学荣获"全国绿化模范"荣誉称号；开设劳动第一堂"绿地管护活动"，使学习耕种、植树成为每位农林类大学生的必修课程。

（二）"生态育人、育生态人"系列活动

面向校内外学生开展生态课程、生态文化、生态环境、生态研究、生态实践五大生态育人行动计划，每年开展"植物达人"比赛等丰富多彩的活动 80 余项，参与人数 4 万余人，将生态理念融入"三全育人"各领域及全过程，实现生态育人全覆盖。

（三）"走进国家重点实验室"系列活动

亚热带森林培育国家重点实验室面向社会大众开放，讲好"森林"故事、展示科研成果，开展了"我的科研故事分享会""东湖论坛""和院士同植一棵树""创新开放，绿水青山"等活动，年均接待大中小学生参观、研学实践 2500 余人次。

（四）"倾囊相送、共克时疫"系列活动

中药材团队对接社会需求，开展抗疫情保生产科普服务活动，发放资料 15000 余份，编写黄精、三叶青春季种植技术指导等微信推文 120 篇，开展线上线下讲座、防疫香囊制作等活动 45 次，进行技术指导或示范，受众超 2 万人。

（五）"竹林碳觅"系列活动

竹林碳汇团队举办"我们低碳"科普讲座、低碳文化节等活动，在中央电视台科教频道《中国在行动》节目中宣讲竹林碳汇，将"竹林碳觅"系列科普读物赠送到全国各地竹产区、革命老区、欠发达地区的初中、小学和幼儿园，累计受益学生近 20 万人次。

近 3 年来，浙江农林大学植物园还结合"国际生物多样性日""世界环境日""全国减灾日"等主题日，开展"观鸟周""生态科考营""丰收节""采茶节""林文化节""生态摄影大赛""生态大讲堂"等丰富多彩的体验式、互动式科普活动

与专题讲座 156 场次，深度参与人数 3.2 万人次。

五、持续不断提升科普影响力

浙江农林大学植物园 2023 年被国家林业和草原局、科学技术部评为"首批国家林草科普基地"，2015 年被国家体育总局评为"全国青少年户外体育活动营地"，2010 年被教育部、国家林业局等单位评为"国家生态文明教育基地"。2022 年被评为"浙江省科普教育基地""浙江省中小学劳动实践基地暨学农基地"。2013 年加入中国植物园联盟和国际植物园园保护联盟。近 3 年来，开展的科普活动、作品荣获各类省部级以上奖项 90 余项，科普作品在学习强国、微信公众号、短视频、抖音等平台进行宣传推广，被中央电视台、新华网、人民日报、人民网等媒体报道 200 余次。

六、强化交流广泛开展科普合作

浙江农林大学植物园坚持合作办学，与浙江大学、复旦大学、同济大学等高校开展科普合作，成立集科研、教学实习、科普于一体的天目山大学生野外实践教育基地联盟，现有加盟单位 30 余家。与中国科学院华南植物园、上海辰山植物园、浙江省自然博物院、杭州植物园建立了合作联动机制，与浙江省植物学会、浙江省林学会联合开展科普培训交流，邀请国际植物园协会、国际植物园保护联盟负责人来园交流，扩大国际影响力；开展大手拉小手活动，与 40 余家中小学结对，每年近 2000 人次大学生科普志愿者走进中小学开展科普教育，为 50 余家高中校园植物挂牌、传播绿色。

七、立足新时代谋划新发展

浙江农林大学将始终坚持生态办学理念和特色，《浙江农林大学"十四五"规划和二〇三五年远景目标》提出坚持节能环保、低碳集约，建设生态校园，充分发挥校园、植物园在植物引种保育、科普教育等方面的功能，建成立足浙江，服务长三角，辐射全国的生态文明科普教育基地。"十四五"期间，浙江农林大学将投入 5800 万元加强植物园建设，新建农林生态馆、生态艺术馆，面积 7000 平方米，并以国家林草科普基地建设为契机，进一步整合科普资源，探索科普工作的新思路、新方法、新手段，为科普事业发展作出更大的贡献。

（撰稿人：张韵、叶喜阳、夏国华、刘守赞）

多彩的植物世界　神奇的林草故事
——山东省林草种质资源中心

山东省林草种质资源中心（山东省药乡林场）认真落实国家林业和草原局关于林草科普工作的部署要求，紧紧围绕林草事业高质量发展和现代化建设发展大局，不断完善基地科普设施，丰富科普形式，打造科普品牌，提升林草科普能力，为推进林草种质资源事业改革发展和全民科学素质提升发挥了积极作用。基地先后获批"全国林草科普基地""山东省科普教育基地""山东省中小学研学基地""首批国家林草科普基地"等称号。山东省药乡林场成为全国关注森林活动组委会认定的全国首批 26 家"国家青少年自然教育绿色营地"，"爱绿护绿"科普团队入选山东省科学技术协会"山东省科普示范工程项目"。

一、科普基地核心资源

山东省林草种质资源中心科普基地分为两个区域：一是中心科普园区，建有"暖温带珍稀树种国家林草种质资源库"和"国家林草种质资源设施保存库山东分库"2个国家林业和草原基础条件平台，"元宝枫工程技术研究中心"等 5 个省部级创新与共享服务平台。现有种质资源保存用地 4064 亩，建有山东省林草资源标本馆，建有分子生物学等 10 个专业实验室。收集保存种质资源 8000 余份，馆藏植物标本 5.06万份，保藏海关罚没野生动植物及其产品 9168 件。二是山东省药乡林场国家森林公园，总面积 1210.2 公顷，其中有林地面积 1177.2 公顷，全部为国家级重点生态防护林。林场地处暖温带落叶阔叶林区，植物种类繁多，仅木本植物就有 43 科 160 余种，主要乔木树种有麻栎、刺槐、赤松、油松、日本落叶松、华山松等，还有金钱松、水杉、白皮松等名贵稀有树种。草本植物 91 科 450 余种，中草药 180 余种，泰山"四大名药"——何首乌、紫草、四叶参、黄精在林场均有分布，还有泰山赤灵芝、穿山龙、冬虫夏草等名贵药材；鸟类有 21 科 43 种，主要有黄鹂、杜鹃、灰喜鹊、翠鸟、火燕等，是山东省森林资源分布最集中、质量最好的地区之一。

二、科普队伍建设

科普基地专设科学普及所作为科普工作专职科室，制定科普教育工作制度和年度科普工作计划，每年固定 40 万元经费专门保障科普相关工作。固定 8 名专职、32 名兼职科普人员和 40 名科普志愿者，建立融合生态学、植物学、林学、风景园林学等相关专业的科普宣传教育团队和科普专家工作室，其中 3 人获"最美林草科技推广员"称号。

制定林草科普人才培养计划，采取参加科普培训班，走出去观摩学习交流活动经验等形式开展科普技能提升，提高专业技术人员科普知识水平，针对林草种质资源领域社会关注问题进行权威解读和科学普及。同时，每年举办山东省林草种质资源保护技术和管理等各类培训班，逐步推动在山东省建立起一支林草种质资源保护和科普的专业队伍。

突出交流合作，科普资源整合能力不断提升。与英国皇家植物园邱园千年种子库、中国科学院、中国林业科学研究院、中国西南野生生物种质资源库、北京林业大学、山东农业大学、山东师范大学等 10 余个科研院校建立了紧密的合作关系，并聘请千年种子库首席科学家普理查德教授等 9 位国内外专家为特聘技术顾问。与山东省户外教育协会建立战略协作关系，以优势互补探索自然教育与劳动教育、生态科普与劳动教育相生相融、合作共赢的发展路径，在促进山东省大中小学生身心健康和德智体美劳全面发展上深入挖掘、积极培育生态科普功能潜力。

三、科普创作和科普产品设计研发

基地充分利用现有场地和廊道，创作并放置各类科普宣传教育挂图 126 幅，包括世界著名的生物学家、植物学家、遗传学家、基因学家等科学家，世界知名种子库，典型林木种质资源库，国内外知名标本馆，林木种质资源库普知识，珍稀濒危树种科普图片等。创作林木种质资源科普宣传移动展板 11 个板块 200 块，展示内容主要包括山东珍稀濒危植物、生态系统、中国森林群落、中国濒危物种红色名录、多彩植物、全球知名种子库、齐鲁古树、世界知名标本馆、国内知名植物园、世界知名国家公园、美丽使者等。基地设计制作了山东省林木种质资源保护及珍稀濒危植物展图片、山东珍稀濒危树种种质资源回归活动图片、山东重要濒危树种回归行动图片、林木种质资源保护科普进校园活动图片、"珍爱地球，人与自然和谐共生"世界地球日宣传展板等；制作《关爱自然 珍惜植物》《大千世界 各种各样》《植物不简单》《奇妙的植物》《多彩的植物世界》《植物腊叶标本制作方法》等科普讲座课件；制作《绿色古树承载齐鲁之韵》《保护"你""我""它"构建自然之美》《法治宣传册》《森林防火 人人有责》《植物腊叶标本图册》等宣传册。

四、开展丰富多彩的科普活动

（一）预约开放功能园区和设施库、标本馆、实验室等科普场所

带领中小学生参观标本制作、收藏流程，通过腊叶标本、液浸标本、包埋标本、手绘标本、植物全息影像、种子展板介绍和种子标本瓶等展陈形式，用生动形象的趣味科普方式诠释林草故事。

（二）创新开展线上科普活动

一是联合山东电视少儿频道《科普总动员》栏目，录制《世界地球日林木种质资源》和《牡丹种质资源》专题节目，通过介绍种质资源研究意义和保存利用价值，引导全社会树立"尊重自然、顺应自然、保护自然"的生态文明理念，动员全社会积极践行绿色低碳的生活方式。二是联合山东广播电视台齐鲁频道"云上思政课"融媒体直播平台，和山东省百万中小学生共同解读种质资源这个了不起的"绿色芯片"，讲解种质资源的重要性、保存方法、种子的设施保存、植物标本的制作与保存等方面的知识，在线关注人数达到100多万，浏览量超过300万，线上和线下互动气氛热烈，同学们踊跃提问，原定90分钟的直播延长至124分钟，取得了良好的科普宣教效果。三是联合山东电视文旅频道，介绍流苏古树花开如雪的盛景和丰厚的文化底蕴，为观众普及了流苏种质资源知识，在欣赏和享受自然美景的同时，唤醒人与自然和谐共生的生态文明意识。

（三）开展"助力乡村振兴、科普下乡行动"

"爱绿护绿"科普示范团队深入平邑县天宝山林场、无棣县车王镇、潍坊市坊子区、枣庄峄城冠世榴园等的田间地头，现场接受群众技术咨询，向农户讲授果树品种选择、种植技术、品种培育、病虫害防治等。

（四）开展珍稀濒危树种回归活动

在青岛崂山省级自然保护区开展了紫椴、胡桃楸等濒危树种种质资源回归。

在烟台昆嵛山国家级自然保护区开展葛枣猕猴桃、刺楸等濒危树种种质资源回归。将调查、收集、扩繁取得的珍稀濒危植物重新定植于适宜自然生境，同步实施了濒危植物的长期跟踪动态监测，得到省内外媒体和公众的广泛关注。相较传统植树，回归活动迎合了公众对于濒危动植物的关注和知识需求，更为直观地传达了生物多样性保护的科学理念。

（五）开展流动的"种质方舟"科普巡展活动

以流动的"种质方舟"为活动载体，采用"线上＋线下"结合的形式，到山东省各市的学校、种质资源库、国有林场、自然公园等地巡展，聚焦山东种质资源亮点特色，吸引全社会共同了解、关注、参与和支持种质资源保护工作，为建设绿色山东、美丽中国，展示科普担当、贡献科普力量。

（六）开展普法宣传活动

在济南图书馆，举办山东省林木种质资源科普法制宣传活动，开展山东省林木种质资源保护及珍稀濒危植物图片展和"关爱自然、珍惜植物"科普公益讲座，受众人数超过50万人。开展"加强林草种质资源保护，守护地球生态系统安全""增强全民法律意识，维护自然资源安全"科普法治宣传活动，先后前往泰安市大津口中学、聊城市茌平区广平林场、莘县十八里林场、菏泽市古今牡丹园、东明黄河国家湿地公园，发放法律宣传册、森林防火宣传册，普及了《中华人民共和国宪法》《中华人民共和国森林法》《中华人民共和国野生植物保护条例》《山东省林木种质资源保护办法》《山东省古树名木保护办法》，共发放各类法治宣传材料1200余份，受众人数近千余人。

（七）开展"加强种质资源保护，守护地球生态安全"——林草种质资源科普进校园系列活动

组织科普团队到济南市历城第二中学、济南市德润中学、泰安市大津口中学等学校，以宣传标语、讲授知识、观看视频、资源展示、标本制作等形式，系统介绍生态、森林及珍稀濒危植物等方面的科学知识，引导学生认识保护森林生态以及林草种质资源的重要性，树立科学的生态价值观和植物资源保护意识，将自然教育体验与劳动教育实践融为一体开展科普活动。

（撰稿人：李猛、张伟、王刚毅）

多层次普及生态科普教育
推动林草事业高质量发展
——山东省淄博市原山林场

　　山东省淄博市原山林场始建于1957年，位于山东省淄博市南部山区，是市属公益一类事业单位，下设石炭坞、樵岭前、凤凰山、岭西、北峪、良庄6个营林区，目前森林覆盖率达94.4%，森林面积4.4万亩。近年来，原山林场在做好生态资源保护的同时，大力宣传林草科普知识，弘扬艰苦创业精神，培养创新人才队伍，依托林区内丰富的乡土树种、园林景观植物等，以承办"研学游"活动为载体，引导广大中小学生学习林草科普知识，从小培养树立生态文明理念，提高生态保护意识，打造集林草科普教育、生态文明传播、艰苦创业精神传承相融合的特色科普品牌，科普工作成效显著。

　　原山林场先后获得"全国五一劳动奖状""全国青年文明号""全国旅游系统先进集体""首批中国森林氧吧"，相继挂牌"全国森林文化教育基地""全国林业科普基地""全国自然教育学校（基地）""全国青少年活动营地""全国首批青少年绿色营地""山东省爱国主义教育基地""山东省环境教育基地""山东省社会科学普及教育基地""山东省教师实践教育基地""山东省中小学研学实践教育活动行走齐鲁资源单位"。

一、基础建设

　　原山林场现已建成原山艰苦创业纪念馆、森林生态资源监测中心、林业动植物实验室3处室内科普教育场所，设立喀斯特地貌科普区、生态林林分科普区、水生植物科普区、药用植物园科普区、园林景观植物认知区、暖温带落叶阔叶林科普区、动物科普园等7处室外现场科普教学点，利用室内展陈讲解与室外现场教学相结合的方式，打造以科普生态资源为主体，多种科普教育并重的绿色科普

山东原山艰苦创业纪念馆

基地。

　　原山艰苦创业教育基地以"艰苦创业"和"生态文明"为主题，现有各类教室 8 个，学员公寓楼 10 栋，学员接待中心设餐厅 3 处，可同时容纳 1000 名学员入住就餐。同时依托 4A 级景区原山国家森林公园、国家林业和草原局管理干部学院原山分院两块招牌，将科普工作融入生态旅游和红色教育中，有效推动了林业科普事业，传播了生态文明理念。

二、科普队伍

　　目前，原山林场专、兼职科普队伍有 60 余人，由林业专业技术人员、园林专业技术人员、专业防火队员、护林员、导游、讲解员组成，均是长期从事基层一线工作的职工，在工作中积累了丰富的科普实践经验，通过朴实无华的语言，为广大游客和学员讲解森林资源培育、林业有害生物防治、森林防火、动植物认知、植物种植习性等知识。

　　长期以来，原山林场积极组织科普工作人员参加教育培训，先后到国家林业和草原局管理干部学院、中国林学会等部门参加相关业务培训。现有 3 人已完成自然教育线上培训，14 人参加森林公园等生态旅游地自然教育专题网络培训，1人被淄博市团市委聘为全市少年队员校外辅导员。

动物科普园一隅　　　　　　　喀斯特地貌科普区——原山北国石海

三、科普作品

在创作科普作品方面，原山林场始终把林业科普放在工作的重要位置，先后出版《山东省淄博市原山林场森林生态系统服务功能及价值研究》《原山林场"两防"工作及林业产业化发展概况》《山东淄博原山林场森林防火手册》《绿水青山就是金山银山》，音乐情景剧《好日子》等科普成果。

在加强科普合作方面，原山林场与全国林业系统、科研院所、高校、新闻媒体建立合作关系，先后与中国林业科学研究院合作建设淄博院士工作站；与黑龙江省林业和草原局在碳达峰碳中和、自然教育、林草大数据共享等方面开展战略合作；与山东农业大学在林场建立大学生思想政治教育实践基地，实现教育资源、社会服务等方面相互支持、共同发展；与山东农业工程学院在林场建立教育教学实践基地，共建林业干部培训基地；与山东广播电视台、淄博广播电视台等大型新闻媒体签定战略合作协议，对各类科普活动进行网络直播。

在扩大社会影响方面，原山艰苦创业纪念馆作为林场科普工作重要载体，每年实现各类团队科普教育近 10 万人次，累计接待来自山东省各地中小学"研学游"活动 1000 余次。现已成为山东省中小学科普研学的重要单位，是传播生态文明理念和接受红色教育的重要窗口。

四、科普活动

原山林场所有科普场馆全年开放，并在现有场所的基础上，利用林场丰富的动植物资源，采取室内展陈讲解与室外实物识别相结合的方式，把生态文明建设、森林资源管护融入科普教育中，使科普学习与精神传承兼收并蓄，既向广大游客和学员普及了林草知识，又进一步传播了生态文明思想。

在做好场内科普教育的同时，积极走进社区、公园、校园等开展科普宣传活动，在科普日、科技周等重要时间节点开展旗舰物种保护、外来入侵物种科普、爱鸟护鸟、森林防火宣传、林业有害生物防治等科普宣传活动。同时，积极利用原山微信公众号、每月一期《原山旅游报》将开展的科普活动进行报道，极大地提高了社会群众对林草科普知识的认知。

原山林场充分利用中小学生资源，开展具有针对性的科普教育工作，通过认真细致的科普知识讲解，将野生动植物保护、森林防火知识普及、森林灭火器材操作、自然教育知识讲解、植物标本制作等科普工作融入其中，充分运用无人机现场演示、环幕投影等科技设备，受到了师生和家长的一致好评。

五、经营管理

原山林场将科普教育作为重点工作，党委书记、场长担任科普工作领导小组组长，党委副书记任副组长，成员包括宣传教育科、林业技术科、森林资源保护科、自然保护地管理办公室、野生动植物保护科、公园管理处、原山艰苦创业纪念馆、原山国家森林公园、如月湖湿地公园、白石洞景区等部门负责人，制定了详细的林草科普工作管理制度和年度工作计划，并组织技术人员编写了林草科普

生态林林分科普区——中国北方石灰岩山地造林侧柏模式林分

规划。

（一）制度管理

原山林场实行规范化、制度化管理，编写《法制林场从建章立制做起——淄博市原山林场管理制度汇编》一书，对推进林场各项管理的科学化、规范化、制度化，实行依法治场、依制度治场发挥了积极作用。

（二）不断加强信息化建设

原山林场通过与山东电视台、闪电新闻客户端合作，利用线上平台实现场馆展陈内容互动直播，通过手机观看讲解员科普讲解，实时学习林草科普知识，实现生态文明理念传播，提高维护森林资源安全的意识。同时，利用原山网站、公众号、抖音号等线上宣传媒介开展科普宣传。

（三）创新提升展教设计

原山林场围绕"科普＋生态文明传播"模式，积极探索创新宣传方式，依托丰富的自然资源和深厚的文化资源开发"林草科普＋艰苦创业""自然认知＋研学游""林草资源＋生态康养"等科普教育模式，通过科普教育与多种形式相结合，成为展示生态文明建设成果、推动生态文明建设实践的窗口。

（撰稿人：山东省淄博市原山林场）

始于自然 不止自然

——河南宝天曼国家级自然保护区

河南宝天曼国家级自然保护区（简称宝天曼），位于秦岭东段、伏牛山南麓、河南省西南部内乡县境内。这片区域地处北亚热带向暖温带的气候过渡带，北纬33度——地球的风水龙脉带，从保护区内穿过30千米，在我国第二级向第三级阶梯过渡的边缘区域形成了面积9304公顷的茫茫林海。保护区内山峰逶迤连绵，雨水丰饶充沛，森林苍茫葱郁，温润的气候使得宝天曼珍稀野生动植物繁多，奇特的地形地貌使其留存了同纬度最为完整的生态结构。保护区始建于1956年，于1980年成为河南省第一个省级自然保护区，1988年晋升为国家级自然保护区，2001年纳入联合国教科文组织世界生物圈保护区网络，是目前中原地区唯一的世界生物圈保护区；2006年以伏牛山世界地质公园核心精华区纳入联合国教科文组织世界地质公园网络。

在建设生态文明和美丽中国新形势下，宝天曼管理局以生态文明思想为指导，坚持生态保护成果全民共享理念，充分发挥科普宣教功能，丰富自然教育内容，致力于打造生态文明教育与研学基地，获"首批国家林草科普基地""全国科普教育基地""中国生态学学会科普教育基地""中国野生植物保护协会生态教育基地"等荣誉，并打造以自然博物馆、珍稀植物园、科普廊道为主要阵地，塑造专业人才队伍，常态化开展自然体验、科普讲座、夏令营等科普活动，促进形成"在自然里、关于自然、为了自然"的宝天曼自然教育体系。

一、打造立体化科普设施

基于宝天曼地处内乡县北部山区，山高路远、峰峻崖险的实际特点，保护区在山上和山下同时打造科普设施，形成了"山上山下齐发力、山上山下景不同"

的立体化格局。

在山上，依托宝天曼国家生态站及其水文、土壤、气象、生物等科研监测设施，建成全长 2.5 千米的河南省第一条科普廊道。沿线分布有森林气象站、测流堰、坡面径流场、森林固定样地等科研设施；布设水土保持试验箱、亲水平台和观鸟亭等体验设施；完善树木铭牌、标牌标识系统、解说性标牌等标识导示系统；将动植物、地质地貌、生态保护知识融入"秋林飞瀑线""原始生态线""奇石险峰线"主题旅游线路。

在内乡县城，建设了河南省首座以自然生态为主的自然博物馆，展馆面积3600 平方米，由序厅、地质与古生物遗迹厅、植物厅、动物厅等八个展厅组成，拥有 18000 余件动植物标本，为大自然馈赠给宝天曼的精华之所在。在宝天曼管理局院内，建设有宣教室、标本室、实验室，配备解剖镜、显微镜、超净工作台等仪器，可开展标本制作、微生物培养、显微观察等科普活动。

值得一提是，基于运 -5 飞机加载激光雷达、多光谱等设备后，帮助保护区对全境开展了遥感监测，融合动植物资源信息，构建了三维地理信息系统。人们通过电子屏幕，可以如身临其境般感受宝天曼的神奇和秀美，甚至与白化豪猪、林麝等珍奇动物相遇。鼠标点到珍稀植物大果青杆时，其生境、花、果实等一览无余。

二、构建多层次科普队伍

为了高水平开展科普教育，我们组建了由高校教授、首席科普专家、高级工程师、专业技术人员等组成的业务精、素养高的科普宣教团队。我们还邀请了中国科学院、中国林业科学研究院、河南大学、河南农业大学等专家教授参与宝天曼科普宣教工作，建成了 56 人的专、兼职科普宣教队伍，并经常性、常态化开展生态学、自然教育等业务培训。

保护区现有高级工程师 4 人，自然教育师 10 人，中级工程师 12 人。经过多年努力，保护区科普宣教工作水平得到了提升，党组书记陈良甫和科研监测中心刘晓静分别获河南省第三批和第四批"首席科普专家"称号。

为了推进科普工作服务"双减"，加强与中小教师沟通交流，共同研发出"校园内的植物""身边的节气""校园内的动物"等自然课程。每年都组织中小学教师走进保护区沉浸式、体验式培训两次，培养了 20 余名中小学教师志愿者队伍，以自然课程助力"双减"，让孩子们在知识中感受自然之美和生态之趣。

三、开发乡土化科普作品

我们立足于得天独厚的南北过渡带资源，依托宝天曼国家生态站科学研究的平台，把科研成果转化为科普资源作为着力点，在科普著作、科普影像、科普课程等方面均取得了较大的成就。

结合资源优势和调查成果，出版了《宝天曼保护区珍稀植物图鉴》《宝天曼观花手册》《一名记者眼中的宝天曼》《走进宝天曼》《宝天曼传奇》等专著，并与中国人与生物圈国家委员会联合出版《世界生物圈保护区——宝天曼》专辑，为公众深入了解宝天曼打开了一扇窗，让公众看见科学解读下的全新的宝天曼。UNDP 可持续发展项目联合乡村笔记为宝天曼量身定制了《宝天曼研学手册》《宝天曼自然观察手册》，让研学活动言之有物；拍摄的《探秘宝天曼》《神奇宝天曼》《国家公园——宝天曼》等宣传视频，进一步提升了宝天曼对外宣传的力度；此外，保护区开发了宣传册、纪念品等文创产品 20 余种。

打造特色化、在地化的研学课程。我们依托宝天曼水文和碳通量监测设施，开发"一碳究竟""水往高处流"等课程 4 项；基于森林气象站、坡面径流场、测流堰、森林固定样地等设施开发宝天曼"十个一"研学活动，"森林水库的秘密"等课程 5 项；基于丰富的植物资源，开发"北枳椇妈妈有办法""热带植物跑到了宝天曼""海州常山的二次开花""树皮的秘密"等课程 12 项；依托宝天曼野生动物红外相机监测成果，设计"动物奇妙夜""野猪的功与过""不打扰的相逢"等课程 5 项；根据宝天曼丰富的蝶类资源，研发"中华虎凤蝶寻根之旅""蝶变"等课程 5 项；与中国野生动物保护协会联合出版《大美宝天曼》未成年生态道德教材，将成为河南省第一本地方性生态文明教育教材。

开通公众号、头条号、抖音号，发布宝天曼动植物影像、科普活动剪影和生态文明新动向。每年在央广网、全球时报、央视频、学习强国等主流平台发表科普报道近百余篇，在中央电视台《秘境之眼》栏目播放宝天曼红腹锦鸡、勺鸡、林麝等野生动物影像 14 次；在《地理·中国》栏目播放"探秘自然保护区·寻奇宝天曼"节目，在《远方的家》"国家公园"系列播放"多彩宝天曼"专题节目。

四、举办新时代科普活动

没有人会生来不爱树林、池塘、草地，不爱野花和小鸟。为满足社会公众对自然生态的好奇心，引导更多群体加入科普活动中来，宝天曼在科普活动中融入了新元素，让科普活动的科学性贯穿始终，邀请一线科技工作者成为科普活动的主讲。在"认识你身边的植物"自然课堂中，从菊潭因毛华菊而得名，到宝天曼良好生态环境为毛华菊生长创造了条件，最后到中国毛华菊之乡创建，讲述了一朵花一座城的厚重文化，使孩子们对家乡的了解多一分，对家乡的热爱和反馈也将加一份。

科普育人使命不忘。以自然教育标准为活动要求，为每次科普活动设定科普目标、科普讲师、科普对象、科普形式，制定主题明确、操作性强的宣教方案。宝天曼有 3 名科普志愿者拥有教师资格证，结合中小学生课程标准和认知发展，宝天曼为他们提供了将教学经验和科普实践相融合的平台。

沉浸式体验开新局。宝天曼拥有科普长廊、自然宣教室，智能交互触摸屏等完善的科研体验厅，让受众在沉浸式环境下进行科研体验，深入大自然，更好地理解自然。

在活动内容足够丰富的基础上，进一步联合中小学、团县委、县教体局、县科学技术协会等单位开展主题系列科普活动，如"绿风尚""i科普""宝天曼的科普专家"等；联合"绿色中原""和悦自然"等教育机构开展实地体验和自然观察活动，借助机构的管理能力让活动开展得更加深入自然；联合南阳师范学院、平顶山学院的师资和教学场地，开展"走出去"科普活动，为更多高校学子打开了一扇认识宝天曼的新窗口；自 2018 年以来，连续多年承办河南省普通高中生物研学夏令营品牌活动。

五、制定中长期科普规划

自然保护区对于我们每一个人来说都是一个大学堂，里面有太多的知识和故事值得我们代代相传，值得我们去发现、去探究。其实，传播科学知识也是自然保护区科普工作者的责任！宝天曼将一如继往地坚持生态保护成果全民共享理念，充分发挥科普宣教、自然教育、自然育人功能，升级完善科普径、生态教育径、自然学堂、自然书屋等科普设施，丰富自然教育解说系统，打造喜闻乐见 IP形象，研发栾生宝天曼全息数字体验感知系统，让"人人知晓宝天曼·人人传颂生态美"成为社会新风尚，致力于生态文明教育与研学的国家级示范性基地打造，让绿水青山就是金山银山的理念代代相传。

（撰稿人：于博、刘晓静、谢婉慧、闫博、王晓、杨莹）

提升公众植物科学素养　把自然带给城市
——湖南省植物园

　　湖南省植物园是 1985 年经国家科委和湖南省人民政府批准成立的公益科研事业单位，隶属湖南省林业局，位于湖南省会城市——长沙，也是长株潭城市群的中心，是集物种保育、科学研究、科学传播和生态休闲功能于一体的综合性植物园。

　　2016 年，习近平总书记提出"科技创新、科学普及是实现创新发展的两翼，要把科学普及放在与科技创新同等重要的位置。没有全民科学素质普遍提高，就难以建立起宏大的高素质创新大军，难以实现科技成果快速转化。"2019 年，国家林业和草原局为加快落实党的十九大关于生态文明建设的战略部署，整合行业优势倡导林草特色科普——自然教育。

　　科学普及一直是湖南省植物园的重要职能之一。2012—2015 年，园区科普职能放在旅游中心；2016 年，园区专门设立科普履职机构——科普中心。2019年更名为自然教育中心。随着城市化的进展，城市居民尤其是青少年与自然的接触少之又少，对其身心健康和各方面的发展造成不良影响。新时代新任务新科普，湖南省植物园依托园区植物资源、科研科普人才团队，积极开展各类植物主题科普活动，以期提升公众植物科学素养，把自然带给钢筋水泥的城市，重建公众与自然的连接。

一、传承创新、与时俱进，助力全民科学素质提升屡建新功

　　2012—2022 年湖南世界名花生态文化节在湖南省植物园开幕，通过花展体验，借助植物铭牌、科普长廊、植物导览 APP 等科普设施，营造科普氛围，10年累计为来访公众 1000 多万人次提供自助科普服务；坚持为所在区域中小学生

综合素质教育提供服务，10 年累计服务 70 多所学校 20 多万师生；举办科技活动周、全国科普日、爱鸟周、世界野生动植物日、世界生物多样性日等重大科普活动，通过请入园、进学校、进社区多种形式，10 年累计举办线下公益科普活动 300 多场；2016 年起，开创"青年专家暑期公益科普讲堂"，6 年为长株潭地区 300 多所学校 1 万多名学生和家长提供科普讲座；开展"我们带您看风景"公益科普讲解活动，累计招募、培训大中小学生和社会科普讲解志愿者 290 多人，在植物园春季花展期间提供科普服务 3 万多人次；2019 年起，"互联网+创新科普"融合模式，与媒体合作创制科普类节目、科普直播，观看、收听或点击人次超 650 万；2020 年起，园区官方微信公众号推出原创系列科普推文、科普视频，点击量超 150 万人次，官微关注人数现已达 150 万人次。园区 2012—2014 年连续三年获评"湖南省科技活动周先进集体"，2016 年被表彰为湖南省"十二五"全民科学素质工作先进集体。2021 年荣获"全国科技活动周先进集体"，并被表彰为全国"十三五"全民科学素质工作先进集体。

二、科学科普、教育情怀，推广青少年自然教育成果丰硕

2016 年以来，园区共主持完成省部、市级和省林业局科普项目 20 多个，对标中小学科学课程课标，依托省科技厅"'共享实验室'中小学生系列植物主题公益科学实践活动""小学生植物科学启蒙教育实践活动探究""科学与艺术——影响世界的中国植物""城市森林自然科普集市"，省林业局"湖南特色乡土植物四季环境教育研究"等科普项目，为大中小学生研发和实施"长沙街头植物扫盲""植物大战 PM2.5""睡莲为什么爱睡觉""认识校园里的植物朋友"等系列科学实践、自然观察、体验课程和活动 80 多个。5 次获梁希科普奖（活动类），3 次获全国科普日优秀活动。《发现自然之美——自然笔记》入选国家林业和草原局干部培训学院网课，《解锁一片莲叶的科技密码》入选中国野生植物保护协会"生态教育优秀案例"课程，《基于创新能力培养为核心的自然教育课程改革与实践》获湖南省高等教育省级教学成果二等奖，"我们带您看风景"公益科普讲解活动，获"湖南省十佳生态环境公众参与案例"，《结出"荷兰豆"的黄山紫荆》科普短视频获"第十一届湖南省优秀科普作品"。

三、国际视野、跨界融合，建设优秀科普团队广搭平台

园区现有专职科普人员 25 人，兼职科普人员 56 人。园区坚持国际视野、跨界融合的科普人才培养理念，多次派员参加世界植物园保护联盟（BGCI）、世界科普教育大会、中国植物园联盟的环境教育高级研讨班和国家林业和草原局、国家生态环境部的相关培训学习，并与国内外植物园、省内科普场馆、大中小学校、新闻媒体等开展广泛交流和跨界合作，拓宽视野、提升水平。

科普团队中有 10 人荣获省部级科普讲解赛事奖项，包括湖南省科普讲解大赛三等奖、优胜奖，全国林业和草原科普讲解大赛优秀奖等。

在各级相关部门的指导支持下，在社会各界的关爱鼓励下，湖南省植物园先后获批"全国科普教育基地""首批国家林草科普基地""全国林草科普基地""全国中小学生研学实践教育基地""国家自然教育学校（基地）""国家重点花文化基地""植物多样性湖南省科普基地""湖南省科普教育基地""长沙市中小学生研学实践基地"，多次被考核为国家、省市级优秀科普基地，为今后的科学传播工作搭建广阔平台。

（撰稿人：曾桂梅）

发挥城央湿地优势
促进林草科普事业发展
——广州海珠国家湿地公园

广州海珠国家湿地公园（简称海珠湿地）位于广州市海珠区，地处广州新中轴线，被誉为广州"绿心"，总面积 1100 公顷，是我国特大城市中最大的国家湿地公园，积淀了千年果基农业文化精髓，是候鸟迁徙的重要通道、岭南水果的发源地和岭南民俗文化的荟萃区。海珠湿地于 2012 年建成开放，每年接待近 1000 万游客，获评"中国人居环境范例奖""生态中国湿地保护示范奖""国家林业和草原长期科研基地"等 10 多项国家荣誉，被列入国际重要湿地名录和 IUCN（世界自然保护联盟）自然保护地绿色名录。

一、基础设施

海珠湿地属于我国罕见的三角洲城市内湖湿地、河涌湿地、涌沟－半自然果林复合湿地生态系统，孕育了丰富的岭南亚热带水果种质资源，形成了独特的岭南水乡文化，湿地"高畦深沟"农业系统入选中国重要农业文化遗产。结合湿地的资源特色，海珠湿地建设有党建与生态教育双辉映的党群服务中心、展陈丰富的自然教育中心、产学研一体化的自然学校、传承岭南农业技术与文化的农耕教育基地、生机野趣的湿地研学空间等特色教学场域。此外，园区还分布有 4 座观鸟屋、10 多处科普长廊（含观鸟、赏花、观鱼、水稻田、福寿果廊、埭基果林等主题）、4000 多个解说牌等科普设施，丰富的自然资源与完善的科普设施，为公众开展林草科普教育奠定良好的基础。

在信息化建设上，海珠湿地运营自媒体平台有新浪微博、微信、抖音和官方网站，粉丝量达 90 多万。海珠湿地联合腾讯云技术团队开发了海珠湿地科研宣教应用体系，包含湿地自然学校管理系统、湿地志愿者服务系统、湿地云上科普、湿地科研信息交流等软件开发，用技术赋能建设管理，提升游客综合服务体验。近 3 年来，海珠湿地获得中央电视台、新华社、广东电视台、广州日报等主流媒体报道 1350 多次，有效提升海珠湿地知名度，传播湿地科普知识和生态保护的理念。

二、科普队伍

海珠湿地现有专职科普宣教团队 20 多人，兼职自然导师 30 多人，负责湿地课程研发、教学管理、活动策划、科普宣传、文创设计、志愿者管理等工作，为林草科普基地的有序运营和林草科普教育的品质保驾护航。海珠湿地现有湿地志愿者达 2000 多名，其中培养科普专业"雁来栖"志愿者约 200 名，经过专业培训的志愿者已组织开展驻点生态导赏、精品公益课程、湿地观鸟大赛等志愿服务活动共 300 多场次，持续为公众提供形式多样的林草科普教育服务。

三、科普作品

海珠湿地深耕科普宣教工作多年，精心打造了一系列科普作品：开发了手绘地图、飞鸟寻踪等科普折页 10 余款；编制出版了《探秘海珠湿地：鸟类志》《迷

海珠湿地开发的十款广州市常见物种观察指南

醉之旅：走进海珠湿地植物世界》《广州海珠国家湿地公园植被志》等书籍，以及《海珠湿地校本课程》《海珠湿地科研监测"十三五"汇编》等科普教材读本20多本；制作了《繁华都市的自然教育乐园》《海珠湿地生态修复案例》《海珠湿地农耕教育基地纪录片》等湿地科普视频20多个；陆续开发了湿地生态米、志愿者文化衫、湿地建设10年纪念邮票等文创产品。丰富的林草科普产品满足不同年龄群体的需要，传播量达上百万人次。

四、科普活动

海珠湿地坚持以匠心铸造高品质的科普教育课程，先后研发出"湿地探秘之旅""飞羽天使""校本课程""湿地研学"等系列精品课程。其中，《海珠湿地校本课程》已在20所试点学校开展，被广州市教育局评为优秀青少年科教项目。海珠湿地已常态化开展"生机湿地""湿地研学""岭南农耕"等系列课程，每周开展精品科普课程约20场次，为不同年龄群体提供形式丰富、生动有趣的科普教育课程。

为丰富湿地体验形式，打造文化交流展示平台，海珠湿地结合不同的节日和特别时期，开展公众喜闻乐见的大型科普活动，如"湿地花墟""国际音乐节""爱鸟周""野生动物保护宣传月"等，其中"海珠湿地龙船景"活动已开展4届，在每年端午节期间，结合本土特色开展龙舟民俗文化活动，通过龙舟招景探亲、龙舟竞渡、扒龙船体验、非遗文化展等方式，让公众深度体验岭南水乡的民俗文化，让自然融入生活，为城市留下乡愁。"走读自然"海珠湿地徒步大会已成功举办7届，每年均吸引上千人次现场参加，活动通过"无痕徒步"的方式穿越美丽的城央绿心。2019—2022年，海珠湿地举办线上及线下大型科普活动近100场次，参与者达300万人次。

五、经营管理

海珠湿地于2015年开创了全国优秀科普品牌"海珠湿地自然学校"，搭建由政府主导、全社会参与的开放式科普教育平台，通过吸引众多优质教育机构参与，引入社会团体、政府部门、科研院校和志愿者作为支持力量，打通"政企研学用"闭环，实施"进学校、进企业、进社区"三进战略，逐步形成科普教育的"海珠模式"，积极凝聚社会力量，打造人民群众共建、共享、共治的绿色空间，发挥着良好的社会效益、生态效益与经济效益。近6年来，海珠湿

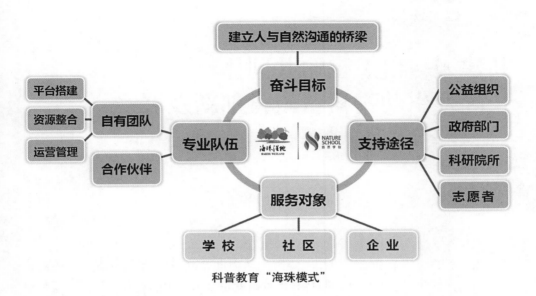

科普教育"海珠模式"

地依托"海珠模式"开展科普基地建设，与科研院所、学校、社会组织、企业、媒体等 200 多家机构建立合作联系，累计开展科普课程活动共 3000 多场次，影响传播达上千万人次。

（撰稿人：冯宝莹）

共建人与自然生命共同体
长隆野生动物科普教育创新发展
——长隆野生动物世界

重视科普，不忘初心。广州长隆野生动物世界自 1997 年创立以来，始终站在动植物保护和科普最前列，坚持绿水青山就是金山银山的理念、贯彻"人与自然是命运共同体，在发展中保护、在保护中发展，共建万物和谐的美丽家园"的思想。以长隆企业文化"创造欢乐、传承幸福，打造世界级民族文旅品牌"的远景为核心，开展保育的教育和实践活动，创造良好的生态效益、社会效益和经济效益。成功打造全球最大规模的野生动物科普和物种保护平台，向世界提供了企业社会积极参与生物多样性保护主流化的中国案例，为共建地球生命共同体作出了积极贡献。

一．基础建设

全球首创"野生动植物种源基地＋科学研究＋科普教育＋野外救护＋野化放归"五位一体的野生动物可持续保护和科普教育平台。打造了年接待超 2000 万人次的广州长隆旅游度假区，高质量建设了全球闻名的民族文旅品牌。每年投入科普专项经费超 4000 万元，建立"探索、求证、发现、分享"的开放性服务理念。以"大种群、大自然、大生态"为科普特色，为 2 亿多人次普及了生物多样性保护知识。

通过研创野生动物优生优育、精准营养、精准疫病防治和适宜生境维护等四大关键技术体系，保护了来自 53 个国家 1200 余种 10 万余只野生动物，创建了国际一流科普基地和标准体系，包括 8 大自然科普教育基地群和全球珍稀野生动物种源，科普知识产权库和培训体系、15 个科研成果转化中心。建设了全球首创空中动物科普课堂、全球首个"AR 动物园"、全球首个空中动物科普课堂、国际一流水

长隆野生动物世界空中动物科普课堂

平动物医院，荣获 5 项吉尼斯世界纪录的鲸鲨馆科普展区，国内首创 5D 城堡影院，全维度极地企鹅保护教育平台和全球珍稀野生动物的讲堂驿站。

二、科普队伍

长隆科普团队秉承"探索、求证、发现、分享"的八字教育方针，通过不断地探索和实践，使越来越多的公众开始了解并行动起来保护动物和自然，鼓励下一代继续守护绿水青山。2020 年，长隆集团被科学技术部、宣传部和中国科学技术协会联合授予"全国科普工作先进集体"，被中国科学技术协会授予"全国科普教育基地"；2021 年，被国家文旅部评为全国首批 7 个"全国旅游科技示范园区"之一；2022 年，荣获广东省科技进步特等奖，与央视合办"央视动物科普学堂"，被国际同行誉为"世界最好的野生动物保护教育基地"。

三、科普作品

长隆创建了全新野生动物自然科普体验和主题宣传模式，构建认知、研学、保育的全维度课程体系，形成 100 余门参与式科普课程，将公益课程带入 100 余所中小学和大学、社区。每年主办或承办世界动植物日、院士专家大讲堂等主题公益活动，受到中央电视台等新闻报道 260 余次。

首创的无障碍观赏、小火车观赏、自驾游、老虎跳水、花车巡游、群鸟飞行等模式在全国野生动物园已被成功模仿推广。"一直被模仿，无法被超越"用于

中国生物多样性保护院士专家大讲堂

长隆在我国野生动物园的行业地位上，再恰当不过。长隆野生动物世界成为国内首家世界动物园暨水族馆协会 (WAZ)、东南亚动物园暨水族馆协会 (SZAZA) 会员，显示长隆野生动物保育水平和行业地位得到世界同行的认可。鉴于长隆在承担国家政府授予的野生动物繁育技术和科普研学教育基地工作中所取得的辉煌成就。2021 年 10 月，长隆受邀参加全球生物多样性保护昆明大会，为全球生物多样性保护主流化提供了中国案例。

创建了民族旅游特色的野生动物 IP 产业，通过积极转化科研成果，打造了全球唯一大熊猫三胞胎科普 IP 的超大型综合体设施，包括大熊猫三胞胎、中国大熊猫保护研究中心广东基地、熊猫乐园、大熊猫动漫 IP、长隆熊猫酒店，积极参与野生大熊猫救护野化放归，使自然保护文化理念深入人心。

四、科普活动

长隆积极承担着国家政府海陆空全维度自然科普研学教育基地的角色，每年主办或承办世界动植物日、野生动植物保护月、爱鸟周等公益活动，受到中央电视台等新闻报道 260 余次。中国动物学会与长隆集团联合举办的"院士专家大讲堂"邀请 8 位院士陈宜瑜、孟安明、康乐、桂建芳、宋微波、包振民、魏辅文、宋尔卫开讲。2023 年，全国主题宣传活动"世界动植物日"在珠海长隆举办，有力支持了琴澳一体化建设和"粤港澳大湾区"高质量发展，创造良好的生态效益、社会效益和经济效益。

五、经营管理

经过 20 多年成功经验的积累，长隆在生物多样性保护科普中取得了世界瞩目的成就，多项指标获世界之最，达到了国际领先水平；为带动经济发展、科普教育、增强人民群众收获感、幸福感发挥了积极作用；引领了行业发展，为促进广东文旅经济高质量发展作出了突出贡献；成功打造生态价值转化长隆模式，走出了一条生物多样性保护的可持续发展之路。国家和广东省市主要领导给予长隆集团工作充分肯定、高度评价和寄予厚望。广东省委书记李希将长隆的发展经验浓缩为"世界眼光，志刚理念""完全符合国家提倡的绿色发展理念"。中科院院士、广东省副省长王曦现场考察，认为长隆集团在科技创新和科普教育方面走在全国前列。长隆模式对国家"一带一路"战略实施、行业内规范标准制定、经营模式等都具有重要的借鉴意义。

未来，广州长隆野生动物世界将始终站在生物多样性保护的国际前沿，示范践行"绿水青山就是金山银山"理念，坚持首创的"野生动物种源基地＋科普教育＋科学研究＋野外救护＋野化放归"五位一体生态价值转化生物多样性创新发展模式，积极参与全球生物多样性保护和宣传教育，为实现人与自然和谐发展贡献中国力量。

（撰稿人：广东长隆苏氏研究院　董贵信、张学礼）

以国家植物园建设为契机
大力促进林草科普事业
——中国科学院华南植物园

华南国家植物园是我国历史悠久的植物学研究机构，前身为国立中山大学农林植物研究所，由著名植物学家陈焕镛院士于1929年创建。1954年改隶中国科学院，易名中国科学院华南植物研究所，2003年10月更名为中国科学院华南植物园，2022年7月正式揭牌为华南国家植物园。

华南国家植物园立足活植物收集和迁地保育，致力于全球热带亚热带地区的植物保育和科学研究，植物学、生态学、农学学科科学研究排名全球前1%；同时，华南国家植物园也长期致力于知识传播和科学普及工作，在自身科普创新能力建设、专业人才队伍、科普活动和品牌建设等方面均取得较突出的成绩，获得了较高的社会影响力。

华南国家植物园由广州园区和肇庆鼎湖山园区组成。广州园区包括植物迁地保护及对外开放园区和科学研究园区，科普工作主要依托植物迁地保护及对外开放园区（展示区）开展。展示区是我国最大的南亚热带植物园，建有展览温室群景区、龙洞琪林景区、珍稀濒危植物繁育中心，以及木兰园、棕榈园、姜园等38个专类园区，迁地保育植物17560种（含种下分类单元）。其中，温室群景区被誉为"世界植物奇观"，龙洞琪林是美轮美奂的岭南经典园林，新石器时代遗址——"广州第一村"是广州最早的人类文明发源地，园区享有"中国南方绿宝石"之美称，2019年被行业评为"中国最佳植物园"。

一、科普能力建设

华南国家植物园科普教育充分利用植物专类园区和历史文化传承，讲述科学故事，注重科学与自然体验融合，促进人与自然和谐共生。科普能力建设分为组织机构、人才队伍、信息化建设、展教设计等方面。

（一）组织机构

华南国家植物园设有专职管理机构——科普旅游部，负责科普旅游工作的全面开展。已形成健全的科普工作体系，并制定相关工作制度，工作目标、具体措施明确，科普基地工作规范化、制度化，形成长效管理机制。

（二）人才队伍

科普队伍建设方面，目前有专职科普人员 31 人、各类讲师 50 多人，兼职科普人员 63 人、志愿者 680 人。专职科普团队分为研学课程组、大型活动组、旅游服务组和综合保障组；各类讲师科普的主题涵盖了植物学、生态学、昆虫学、博物学、教育学和美学等多个方面。

（三）信息化建设

在信息化建设上，华南国家植物园建有官方宣传平台 4 个，分别是中国科学院华南植物园官方网站、官方微博、微信公众号和抖音平台。其中，微信粉丝达 47 万人，微博粉丝 22 万人。自主研发"植物园植物信息管理系统"，有效提高了植物园的数据共享水平和植物园信息化管理水平。

（四）展教设计

华南国家植物园保持全年开放，年均接待人数超 150 万人次，其中青少年约 20 万人次。年均开展科普活动 240 场，线上线下受众 300 多万人次，不断扩大科普教育基地的社会影响。常规科普活动分为自然教育、环境教育和生命科学教育三个梯度进行。在展教设计上，华南国家植物园有丰富的科普课程、活动及展览。

华南国家植物园秉承"绿叶情操、细根精神、木棉风采"特色创新文化理念，以点带面，探索基础教育阶段科教融合的有效途径，通过"琪林科学讲坛"、研究员科普课堂、科研科普融合、研学实践等多项活动，促进高端资源与公民有机融合。持续开展"琪林科学讲坛"公益讲座 60 期，基于植物园万千活植物收集和园林园艺展示及相关科学研究，邀请从事植物学及相关领域的专家学者，用公众能理解的科普语言，解读科学前沿，讲述科学故事，传播科学精神，启迪科学思考。现场听众人数近 5000 人次，回顾推文累计阅读量超 3 万人次。

在科普教育上，华南国家植物园坚持以绿色、环保、可持续发展等为主题，通过主题活动、专题讲座、特色营期等多种形式，着力于策划更多适合不同年龄段、不同公众需求的课程，自主开发有"博物四季""自然课堂""押花艺术""自然观察""植物科学""自然笔记"共 6 大主题 75 种自然教育科普课程。华南国家植物园生态教育课程——"夜幕下的精灵"至今保持着两项全国记录：最早开展常态化科普性夜观活动的单位，植物园系统开展科普性夜观活动持续最久的单位。持续开展生态主题活动和环保宣讲，基于科研成果转化策划的"中科 1 号红松茸"环境保护课程被国际植物园保护联盟教育刊物 *ROOTS* 刊登。同时，结合园内特色植物资源，每年配合木兰花展、山茶花展、禾雀花展、杜鹃花展、姜目植物展等主题花展开展科普活动。结合社会热点、公众兴趣点，推出"南岭生态摄影展""抗疫植物知多少""人类文明史上的重大疫情与植物""朱亮锋研究员手绘多肉植物画展""青年科学节海报展""植物科学画展"等多个科普展览。

二、科普影响力

1959 年 9 月底，华南植物园首次对公众开放；1960 年，开始进行植物知识的科学普及工作；1997 年，与广东省科学技术协会率先共建"广东省植物学科学普及基地"，开创了全国科普基地建设的先河；1998 年，成为第一批广东省和广州市"环境教育基地"；1999 年，入选第一批"全国科普教育基地"；2002 年，入选第一批"全国青少年科技教育基地"；2006 年，被国家环境保护总局授予"环境教育示范基地"。截至 2023 年 4 月，共获评各类科普教育基地称号 36 个，其中国家级称号 9 个，省级称号 10 个，市级称号 11 个。

在专项科普教育上，先后被认定为"全国中小学生研学实践教育基地""国家科研科普基地""国门生物安全宣传教育示范基地""自然学校能力建设项目试点单位""广东省高品质自然教育基地"等。

同时，华南国家植物园还是国际植物园协会（IABG）秘书处、国际植物园保护联盟（BGCI）中国项目办公室、ANSO 植物园专题联盟（B 组）、世界木兰中心、广东省植物学会、广东省植物生理学会挂靠单位、中国科学院植物园工作委员会牵头单位、广东省科普教育基地联盟会长单位。

三、经验总结

（一）整合保护，创新科普

华南国家植物园率先建立了植物就地保护、迁地保护和野外回归三位一体的综合保育体系并取得较好效果。鼎湖山国家级自然保护区就地保育 2291 种植物，华南国家植物园迁地保育活植物 17560 个分类群（含种下单元），包括 410 种珍稀濒危植物。建立"活植物信息管理平台"并推广至全国 41 家植物园；出版《中国植物园标准体系》，并推动中国植物园标准化发展；组织全国主要植物园完成《中国迁地栽培植物志名录》和《中国迁地栽培植物大全》全部 13 卷，共收录植物 16000 多种；启动《中国迁地栽培植物志》31 卷的编撰，其中 18 卷已正式出版。在整合保护的基础上，华南国家植物园致力科普创新，将科研成果转化为高端资源科普化课程，将专类园建设与自然博物研学实践相结合，将环境教育生态科普在迁地保育的基础上提升，实现了科普活动、科普内容、科普产品和科普人才的多样化，科普创新工作取得良好进展。

（二）注重科普志愿者团队建设

科普志愿者是华南国家植物园科普工作的有力支撑。从 2005 年最开始的学生志愿者团队，到专业的观鸟导赏志愿者团队，再到现在的"公众理解植物科学"科技服务团队，华南国家植物园将科普志愿服务团队分为讲解导览、课程活动、旅游服务、文字摄影等 4 个专业小组。科普志愿者目前已为公众提供科普讲解过千场，志愿服务总时长达 4 万个小时。华南国家植物园科普志愿团队荣获"2022 年度广州市最佳文旅志愿服务组织奖"。

（三）整合科普资源，开拓中科特色研学项目。

华南国家植物园高度重视家、校、社一体化发展，通过"引进来"和"走出去"思路，加强与学校、中国科学院系统院所和研究基地的合作，一方面以承担社会责任为己任持续开展公益科普活动，如"珠江科学大讲坛""广州院士专家校园行""湾区百校行"等高端科普讲座；另一方面，华南国家植物园积极举办科学教育主题活动，联动实验室和基地广泛承接研学活动，自主开发了中国科学院特色研学项目，如科技探究营、自然艺术营、基地实践营、生态科考营、环保拓展营等多个研学营期，通过寓教于乐的方式开发科学教育相关研学课程，让学生在游学参观中掌握科学知识，开拓科学视野，取得良好效果。

（撰稿人：谭如冰）

以"国家林草科普基地"建设为起点大力发展林草事业

——乌鲁木齐市植物园

乌鲁木齐市植物园 1986 年经乌鲁木齐市政府的批准，成立为植物园。实现以植物为中心的保护、科研、科普、开发和旅游功能。植物园建园方向是以广泛收集和驯化利用新疆野生植物资源、保护新疆珍稀濒危植物，开展植物科普教育，建立有园林外貌、科学内涵的城市绿地。1999 年，乌鲁木齐市植物园被市科学技术协会、市科学技术委员会定名为"青少年科普教育基地"；2005 年，荣获国家 3A 级风景名胜区；2006 年，被自治区科技厅等单位授予"新疆维吾尔自治区青少年科技教育基地"；2016 年，被授予"新疆维吾尔自治区科普教育基地"；2023 年，乌鲁木齐市植物园通过了 2021—2025 年新疆维吾尔自治区科普教育基地复验并授牌；同年，荣获"首批国家林草科普基地"称号。

一、乌鲁木齐市植物园概况

植物园分为南园区和北园区（原乌鲁木齐市葡萄园）。植物园南区位于北京中路，北区位于迎宾路，共计约 1280 亩，是目前新疆唯一的综合性植物园。全园收集植物种类多达 811 种（不包括品种），迁地保护我国珍稀濒危植物 39 种。

南园区现已建成天山植物区、百花园、牡丹园、果树区、忍冬区、草坪游览区、药用植物区、月季园、松柏区和芳香蜜源植物区 10 个专类园景区。

乌鲁木齐市植物园将对珍稀濒危特有植物保护区进行改造，项目已经过两次专家评审。通过珍稀濒危特有植物保护区的建设，将进一步促使乌鲁木齐市植物园更好地履行核心功能。

近年来，乌鲁木齐市植物园成功地举办了"迎春赏花节""金秋菊展""牡丹芍药展"等大型花展或其他活动，园区设置的"新疆活体昆虫博物馆"每日对游客开放，吸引了大批中小学生来植物园参观、研学，普及动植物知识，在新疆乃至全国园林界、旅游界都享有一定的声誉。

植物园导览图

牡丹展

二、生物多样性保护

新疆地处祖国西北边陲，区域内分布的植物具有西亚起源特点，在植物种类收集上不同于国内其他植物园。新疆具有国内最低海拔地区到 8000 米以上的高峰，再加上新疆"三山夹两盆"的地理特点，新疆地形地貌的丰富性孕育了植物种类多样性和独特性。乌鲁木齐市植物园地处天山中东部，海拔适中，可以对高原、平原和低海拔地区植物进行引种保护。植物园诸多功能中一项最重要的任务是承担新疆珍稀濒危植物资源迁地保护、种质资源收集，繁育应用研究，乌鲁木齐市植物

世界地球日科普活动

生物多样性保护科普宣传

世界森林日科普讲座活动

园把珍稀濒危特有植物收集保护工作作为重要工作内容之一，对我国西北地区生物多样性保护、社会经济发展以及园林景观营造，具有重要的意义。

三、科研工作

乌鲁木齐市植物园科研工作，以保护野生植物种质资源为己任，以不断丰富本地区园林绿化、美化植物材料为主要目标，以不断开发和挖掘新疆野生观赏植物在园林绿化中的应用为主要研究方向，有计划地引种新疆野生植物，通过各种繁殖手段不断扩大其数量，并逐步推广应用于各种园林绿化建设中。

乌鲁木齐市植物园科研工作的重点是对已经引种驯化成功、有一定发展利用前景的植物品种进行种植繁育和系统研究，加快研发速度，早出成果。乌鲁木齐市植物园自建园以来，开展了"宿根花卉引种繁殖技术""新疆野生观赏植物引种驯化及开发利用研究""新疆野生鸢尾属植物的引种驯化及应用研究""特有植物资源圃建设"等近20项相关项目研究，荣获了多项自治区和市级科研项目奖项。乌鲁木齐市植物园现有新疆农业大学硕士生导师1人、联合培养导师4人，培养的研究生部分已进入科研工作岗位，为人才培养和行业发展作出了贡献。

近年来，乌鲁木齐市植物园开展了自治区科技厅项目"蔷薇属植物引种和玫瑰复壮研究"，目前收集了新疆地区大多数蔷薇属植物种，后续研究工作正在开展中。多年来乌鲁木齐市植物园坚持对植物种质资源进行引种收集，特别是对新

植物园科普宣传

疆本地的野生植物进行引种保护，先后对新疆境内的野杏、野苹果、野巴旦、欧洲李、樱桃李、毛樱桃、黑杨、苦杨、灰杨、胡杨、额河杨、西伯利亚花楸、西伯利亚云杉、西伯利亚冷杉、西伯利亚落叶松、西伯利亚红松、西伯利亚接骨木、阿尔泰山楂、红果山楂、新疆芍药、欧洲稠李、金雀花、铃铛刺及蔷薇属、鸢尾属、柽柳属植

植物园科研苗木扩繁基地

物进行了引种栽培，为科研工作的开展打下了坚实的基础。

乌鲁木齐市植物园未来科研工作重点，首先，加大新疆珍稀濒危特有种植物的引种和保护工作，把乌鲁木齐市植物园建设成新疆乃至中亚干旱区珍稀濒危特有植物的关键保护中心和保护基地。其次，随着全球气候变暖，抗旱植物的应用和开发必然是植物应用研究重点之一，乌鲁木齐市植物园将利用新疆乡土植物资源，研究适宜的旱生植物引种和应用工作。

四、科普工作

乌鲁木齐市植物园是新疆农业大学、新疆师范大学、新疆大学和新疆林业学校等科研院校教学实习基地，每年吸收多批次大中专学生和教师来植物园实习、开展科研科普活动；乌鲁木齐市植物园在国家林草科技活动周、自治区科技周、世界动植物日等时间节点开展形式多样的科普宣传活动，园内开放区植物悬挂科普标牌，利用园区科普大屏、科普长廊、科普展板以及网络媒体开展科普宣传，在本地区科普影响力逐步提升。

（撰稿人：曾德、孙卫、刘继海）

以建设国家公园为名
兴林草科普教育之实
——东北虎豹国家公园

　　东北虎豹国家公园（简称虎豹公园）是我国建立的第一个中央直属的国家公园，划定的园区是我国东北虎、东北豹种群数量最多、活动最频繁、最重要的定居和繁育区域，也是重要的野生动植物分布区和北半球温带区生物多样性最丰富的地区之一。设立虎豹公园，将有效保护和恢复东北虎豹野生种群，实现其在我国境内稳定繁衍生息；有效解决东北虎豹保护与人的发展之间的矛盾，实现人与自然和谐共生。

　　自国家公园正式设立以来，自然教育和科普宣传作为重要建设内容正在发挥其重要作用。作为独特的自然保护地，虎豹公园林草科普基地在基础设施建设、人才队伍培养、科普活动及未来科普计划方面都获得了较高的社会影响力。

一、基本情况

　　虎豹公园占地面积 140.65 万公顷，地跨吉林和黑龙江两省，其中吉林省面积 95.57 万公顷，占虎豹公园总面积的 68%；黑龙江省涉及面积 45.08 万公顷，占 32%。

　　虎豹公园主体包括长白山森工集团珲春、汪清、天桥岭、大兴沟和龙江森工集团绥阳、穆棱、东京城 7 个森工林业局所管辖的 75 个国有林场（所），以及珲春市、汪清县、东宁市 3 个县市所管辖的 11 个地方国有林场。

　　虎豹公园整合了 19 个原有自然保护地，涉及面积 5542.4 平方千米，占虎豹公园总面积 39.4%。包括 11 个自然保护区、5 个森林公园、1 个湿地公园、1 个地质公园和 1 个水产种质资源保护区。

　　虎豹公园东部、东南部与俄罗斯滨海边疆区的豹地国家公园接壤，中俄边境线长 264 千米。虎豹公园东南部区域隔图们江及沿江带与朝鲜相望，是中国、俄罗斯、朝鲜三国交界的连接地带。

二、科普资源

（一）基础设施

1. 已有基础设施

（1）东北虎豹国家公园管理局绥阳局（简称虎豹局）科普宣教馆。总面积 455 平方米，其中标本展室面积 165 平方米，宣教馆面积 145 平方米，报告厅面积 145 平方米。

（2）虎豹局珲春局标本馆。面积共 68 平方米，其中展示了虎豹公园常见的野生鸟兽。

（3）虎豹公园珲春局沙丘公园东北虎科普展示馆。展馆占地面积 920 平方米，共两层。一楼展示的是珲春独具特色的自然风光地理文化和生态食物链等内容；二楼展示的是狩猎文化陈列室，设有原始狩猎、封建时期、近代狩猎、禁猎文化等内容，展示了从狩猎到禁猎的发展过程，展示了珲春东北虎国家级自然保护区工作的奋斗历程和工作业绩。

（4）珲春市局野生动物救助站（民间投资）。面积 2000 余平方米。

2. 正在建设的基础设施

（1）虎豹局汪清县局反盗猎展示中心。装修及布展面积为 1352.09 平方米，包括展馆面积 742.00 平方米、休闲区面积 450.00 平方米、卫生间面积 80.69 平方米、楼梯间面积 79.40 平方米。总投资 1500 万元。

（2）虎豹公园东北虎豹科普教育及资源展示中心（珲春）。占地面积 31000 平方米，投资 3.13 亿。

（3）虎豹局东宁局自然教育课堂。计划安装沉浸式 VR 屏幕、陈列 50 个动物标本等，共投资 194 万，现已完成室内装修，正在制作 VR 影像资料。

（4）虎豹局东宁局朝阳沟、闹枝沟建设自然生态体验点。为自然教育与生态体验活动的开展提供硬件设施，共投资 80 万，设计图纸初稿已完成，进行采购中。

（5）虎豹局汪清局自然教育基地。包括兰家大峡谷国家森林公园大石河景区区域、兰家大峡谷国家森林公园大石河森林人家区域、金苍林场场址区域、亲和种子园区域、金沟岭林场百万亩采育林区域，共 5 个建设地点。项目建设期 2023—2027 年，共 4 年。建设任务共 6 个大项，包括自然教育课程、活动、线路、媒介、师资、基础设施建设。项目总投资共 20931.37 万元，项目建设投资全部申请中央预算内投资解决。目前，一期经费 3000 万元已到位。

3. 准备建设的基础设施

（1）科普宣教馆（东宁）。建设项目位于东宁市东环路以南、东兴西路以东。宣教展示中心占地面积 4132.88 平方米，建筑面积 2162.99 平方米。本项目为小型展览建筑，地上 2 层。工程投资 2000 万元。初步设计方案正由国家林业和草原局进行评审，建设用地规划许可证也在同步办理当中。

（2）科普宣教馆（汪清）。项目投资 2000 万元（仅主体建筑，不含布展），面积 2000 平方米。

综上所述，已建和正在建设的科普基础设施超过 40000 平方米以上，未来准备建设的基础设施 6200 平方米以上。投资经费 5.5 亿元左右。馆藏动植物标本超过 20000 件。

（二）自然禀赋

虎豹公园作为全国首批也是唯一中央直属的国家公园，有着得天独厚的自然禀赋，具体表现：

东北虎和东北豹是我国具有世界保护意义的珍稀濒危动物，是生物多样性保护的旗舰物种，是温带森林生态系统健康的标志，具有极高的保护价值和生物学意义。虎豹公园有野生脊椎动物约 37 目 96 科 399 种。其中，哺乳动物 61 种，鸟类 264 种，爬行类 16 种，两栖类 14 种，鱼类 44 种。国家一级保护野生动物 13 种，包括东北虎、东北豹、梅花鹿、紫貂、原麝等。国家二级保护野生动物 57 种，包括黑熊、猞猁、马鹿、细鳞鲑等。国家一级保护野生植物有东北红豆杉、长白松；国家二级保护野生植物水曲柳、黄檗等超过 20 种，特有植物小叶杜鹃、赛黑桦等。

作为国字号的自然保护地，虎豹公园不仅仅有东北虎、东北豹，还有红松阔叶林顶级群落，有 2000 年树龄以上的东北红豆杉群丛，有国内唯二的大马哈鱼洄游起点，有国内唯一在定时定点能看到虎头海雕的地点（还有秃鹫、白头海雕），有着东北最典型最原始的云冷杉针叶林、红松阔叶林和红松针阔混交林景观，有东北唯一的"四猫"之地，有东亚－澳大利西亚鸟类迁徙种群国家二级保护鸟类白额雁、小白额雁最大停歇地，有"山水林田湖草沙冰"八位一体的全方位的自然保护地体系。

重要的是，展示这些不仅仅是要简单地罗列大景观，而是要向公众特别是当地青少年展示虎豹公园的保护理念，并让公众理解人与自然和谐共生的理念，了解物种生存智慧；了解巡护员巡护的意义和艰辛和了解保护工作者保护的目的。同时，让公众树立一种认知"爱国爱家，从认识家乡的一草一木开始"。

三、科普能力

（一）组织机构

虎豹局从 2019 年开始，建立了以综合处处长为组长、各处副处长为副组长，各处宣传骨干和分局计划处处长为成员的科普宣教专班。

专班的工作内容是组织制定自然体验和科普宣教工作推进计划、调查研究、咨询论证；指导分局编制实施方案、反盗猎中心、线上科普宣教片、自然纪录片及自然观察书籍等；对落实管理局和分局的自然体验和科普宣教项目，由专班通过集体会议形式进行督导和指导，及时向局领导报告，确保各项目能按照全局的总体部署和需要推进实施。

（二）人才队伍

虎豹局除有 6 名负责科普和自然教育的专兼职工作人员外，2023 年又从分局重新招募了一批科普宣讲团成员及后备成员共 46 名，其中不乏有多年林业科普经验的专家及高学历野生动植物保护人才。

另外，虎豹局绥阳局宣教馆配有专业宣教解说导师 4 人，宣教策划专员 1 人，管理人员 4 人，其他工作人员 16 人，共计 25 人。其他 9 个局有专职解说人员超过 30 人。

（三）培训交流

虎豹局向来重视科普和自然教育人才的培养。国家公园试点以来共进行了以下培训：一是 4 人参加 2019 年国家林业和草原局在西宁组织的宣传业务知识培训班；二是 20 余学员参加 2019 年国家林业和草原局在秦皇岛组织的自然体验与环境解说培训班；三是 30 名学员参加 2020 年在吉林白山市组织的生态环境保护高级研修班；四是参加黑龙江省林业和草原局举办的自然教育与生态体验培训班，培养了 5 名自然教育导师；五是 53 人参加 2022 年自然环境部宣教中心组织的"自然教育线上能力培训班"；六是 20 人参加国家林业和草原局管理干部学院举行的"全国三亿青少年进森林研学教育活动自然教育导师培训班"；七是虎豹局与俄罗斯豹地国家公园达成 3 年合作协议，拟在 3 年内开展一系列科普和自然教育活动，比如虎豹儿童绘画大赛、编辑中俄英国家公园宣传手册、如何在自然特别保护区组织及开发生态旅游等。

（四）信息化建设

虎豹局及部分分局开通了微信公众号，及时发布虎豹公园自然教育和科普宣传相关视频和图文资料。比如科普小短片"遇到老虎怎么办""人虎冲突社区应对指南""全球老虎日盛典"等，每天都有新的内容发布。截至目前，发布相关信息浏览量超过 50 万人次。

（五）社会服务功能

虎豹局启用了最先进的天地空一体化信息系统，实现了 700 兆光纤实时传输的功能，使国家公园自然资源监测和监管真正进入大数据和人工智能时代。本系统是国内首个真正实现在少人区或无人区进行大面积通信网络覆盖的智能化自然资源监测评估和管理系统，实现了自然资源监测的智慧化，提高了国家公园保护管理能力，使得公园内的虎豹及有蹄类动物的本底数据得到了实现，并从而应用于科普资源；每年，虎豹局都接待大批国内外的考察团队和中小学生的研学团，在天地空一体化系统中感受、体验大数据保护野生动物的魅力，很多当地的中小学生头一次近距离的感受了家乡的自然之美，这也增强了他们对家乡的自豪感。同时，虎豹局天地空一体化监测还经常帮助当地警方破获相关的案例。

另外，为查清虎豹公园野生植物资源底数，虎豹局拟开展野生植物的本底调查，本底调查可成为野生动植物保护成效的重要指标，为虎豹公园生物多样性保护和生态文明建设提供基础支撑，也为全国开展野生动植物资源本底调查提供了很好的借鉴作用。同时，在本底调查的过程中，虎豹公园拟着重培养一批识别野生植物，以及植物摄影、植物博物学方面的人才，用以丰富虎豹局科普和自然教育人才库。

（六）科普经费

虎豹局 2023 年拟在科普、自然教育和生态体验投入资金 2772 万元。其中，具体建设项目包含社区共建共管、自然教育、生态体验活动、老虎日活动宣传自然教育课堂、展览馆布展、自然观察节、特色学校、特色保护站、特色物种计划、科普宣讲团、科普视频、培训、博物学旅行特许经营试点。

四、科普活动

（一）对外开放参观

虎豹公园目前除了已有的几个科普基础设施外，室外的自然资源也吸引了很多群众参观。

虎豹公园珲春局标本馆，2017 年至今观众大概 9000 余人；虎豹公园珲春局大荒沟林场和马滴达科研监测中心自然教育活动开展 40 次，参与人数 892 人；开展科普宣传超过 130 次 3000 余人参与；虎豹公园珲春局沙丘公园东北虎科普展示馆 2016 年至今参观人数 5500 余人；虎豹公园珲春市局魅力溪谷景区、三道沟吊水壶、羊泡乡烟筒砬子村、兰家地下森林、敬信湿地与防川景区 2021 年至今参观科普宣教及自然教育大概 15 次左右，受众 350 余人，生态旅游 10000 人以上。虎豹公园汪清局兰家大峡谷每年接待游客 15000 人；虎豹公园绥阳局科普标本馆自 2017 年建馆以来共接待参观学习 2508 人次；虎豹公园穆棱局，六峰湖（观鸟）、六峰塔、红松母树林栈道、红豆杉母树林群落、千年红豆杉树王、五花山景观、牛心山育苗中心，共计接待 300 余人。

综上所述，试点以来，虎豹公园共接待对外开放参观人数 46000 余人。

（二）自然教育

我虎豹局近年来开展了形式多样的科普宣传活动。主要有：

虎豹公园东宁局开展"小小少年看虎豹公园"自然教育活动；与市教育局联合开展自然教育进校园活动，学生听讲课程 20000 人次；与团市委联合开展"小小少年进国家公园"、7·29 全球老虎日中小学生作品征集活动、乖乖虎宣讲等自然教育与生态体验活动，得到社会的广泛关注和一致认可。投资 20 万拍摄自然教育线上课程，其中有 5 所小学推荐 5 名小学生作为主持进行宣讲，目前正在拍摄当中。

虎豹局珲春市局 2022 年组织了自然教育论坛的实践活动，组织珲春市应届优秀高考毕业生与各位专家共同开展了一次探访"东北虎豹国家公园大荒沟魅力溪谷"的自然体验活动。

虎豹公园穆棱局从 2020 年年末至今自然教育进课堂活动开展了 10 次宣教活动，累计受众 2200 余人。

试点以来，虎豹局自然教育线上线下参与人数 83000 余人次。

（三）常规科普活动

虎豹局东宁局："保护东北虎，维护生物多样性"作品征集活动，征集中小学生"7·29老虎日"作品，此次活动与东宁市教育局联合举办，共征集作品1800多件，评选出获奖作品46件在现场展览。

虎豹局珲春局：一是邀请公众参加各种野生动物宣传日（月）活动，形成人人从我做起，为保护野生动物尽一份责出一份力的氛围。并利用微信、抖音等宣传野生动物保护知识，提高公众保护意识。二是开设讲座对学生进行野生动物保护宣传。利用PPT、动漫宣传片、互动游戏、观看实时传回的野生动物画面等形式，系统地对学生进行保护野生动物宣传和教育。每学期都到学校进行展览，使学生能及时了解当地保护动态及取得的一些主要成果。三是带领公众走进科普馆、虎豹园区、走出国门以天地为课堂，在自然体验中了解虎豹公园的基本情况及野生动物生存栖息地的现状。

虎豹局珲春市局：一是自2015年开始，每年冬季都会招募"反盗猎巡护"的志愿工作者，旨在通过志愿者参加保护行动，了解野生虎豹栖息地环境及现状，以及巡护工作的艰辛与意义，从而作为保护理念的宣传原点向身边人扩散，用亲身经历与感受进行分享，对身边人会更具感染力，为环境保护全民化打下坚实基础，这种巡护体验的方式也是自然教育的一种形式。二是自2019年开始，珲春市局在虎豹栖息地周边的农村社区组织开展"遇到老虎怎么办？"的科普宣教活动，目前普及珲春市内20余个村屯，2023年将继续开展5场。三是2021年探索了针对市区中小学校学生开展的"我家有大猫"自然课程，在珲春市第一小学、第二实验小学分别开展了分享，并组织开展相关绘画比赛和画展等活动。

虎豹局绥阳局本着切合实际、突出实效的原则，制定了宣传教育活动方案，以宣教进基层、进社区、进家庭、进校园、进网络的"五进"活动为载体，常态化开展保护野生动物宣传活动。汇编印发了《野生动物保护管理常用法律法规和文件汇编》，广泛宣传保护野生动植物的相关法律法规和重要意义以及保护野生动植物的相关规定，预防野生动物伤害人畜的注意事项和保护措施等。

试点以来，虎豹局自然教育常规科普活动线上线下参与人数35.7万余人次。

（四）重大科普活动

每年的7月29日是"全球老虎日"，是虎豹局最重大科普宣传活动。从试点以来的2018年至今，虎豹局每年均参与主办"全球老虎日"庆典科普活动。每年的线下参与人数超过3000人。截至目前，线上线下参与人数超过100万人。

五、科普影响

（一）科普品牌

一是天地空一体化终端系统，常年用于科普宣传，已成为虎豹局的科普品牌。二是老虎日的"画虎大赛"，每年作为常规活动举办。三是即将成立的科普宣讲团，将赴各地针对东北虎豹的前世今生和虎豹公园成立的背景和意义、试点以来为保护虎豹及其栖息地所做的努力，从巡护员的角度阐述巡护技巧及经验、荣誉感及获得感、巡护过程中的艰辛及趣事，红外相机镜头下的影像及保护故事，普通公民如何爱上自然从而支持国家公园建设等方面进行宣讲，并打造成科普品牌活动。四是虎豹局绥阳局结合区位特点，连续开展了三届中小学生书法、绘画、征文"虎豹文化艺术作品"征集评奖活动，制作了获奖作品集，并将虎豹文化通过文艺演出的形式在舞台上展现。

（二）科普产品

一是制作了许多国家公园周边宣传品，并以虎豹公园内的"明星"东北虎、东北豹为蓝本，设计开发了虎豹公园卡通形象吉祥物、玩偶、手办、徽章、钥匙扣、原创动态表情包。二是拍摄了多部自然科普纪录片。三是编制《自然教育实施方案》《东北虎豹国家公园自然观察手册》。四是我国著名词作家车行老师为绥阳局创作的诗赋为题材，创作了电视短片《为东北虎素描》，用车行老师为绥阳创作的歌曲与绥阳美景相结合，制作了宣传片《比美丽还美的地方》。

（三）社会影响

中央电视台为虎豹局绥阳局摄制了电视宣传片《虎豹要想有个家》在中央电视台 CCTV-10 面向全国播放。另外，央视平台《新闻调查》《新闻 1+1》《焦点访谈》《正大综艺》《远方的家》栏目播出虎豹局专题栏目。

地方卫视，湖南卫视《天天向上》、上海卫视《极限挑战》与吉林卫视联合直播活动。黑龙江电视台以绥阳局"动保人"为素材，拍摄了《劳动最光荣》专题片，世界自然基金会（WWF）以巡护员梁奉恩为主人公，摄制了《巡护员——老梁的一天》电视片。配合中央电视台《见证》节目组与公安局联合打造的纪录片已面向全国播映。

六、未来科普计划

（一）培训自然教育导师，开展观鸟兽虫鱼、星空地质计划

虎豹局目前不缺科普导师，缺的是能开展好的科普和自然教育的师资。虎豹局拟在科普宣讲团成员中培养以下能力的师资：能够识别虎豹公园某一项能力（花、鸟、鱼、虫、地质、天象）的基础上，掌握其事物运行规律和生活史，进而挖掘其生存智慧，最终达到人与自然和谐共生的理念。

（二）成立虎豹公园自然学校

在虎豹公园范围内选取一所合适的学校，为其配备必要的自然观察设备和书籍，定期定时去学校培训其自然教师和高中低年级的学生。灌输"爱国爱家，首先要做到认识身边的一草一木"的思想，并以兴趣为导向，传输其物种生存智慧的知识，进而使其愿意认识物种，从而了解，继而关心，之后行动。

（三）武装保护站的科普硬件

为了使保护站的保护工作者进一步认识到科普工作的重要性，虎豹局拟为所有保护站配备相关的动植物保护、物种识别、自然观察、博物学等方面的书籍。同时，个别有条件的保护站可以配备望远镜和微距镜头，拍摄公园的野生动植物，为虎豹局提供更多宣传素材。

（四）保护站变身计划

选取一批自身优势物种明显的保护站，在其外墙手绘特色物种的图像或和物种有关的生态系统图。这样既可以增强保护站工作人员的自豪感，还可以让工作人员及参观者一目了然地了解该保护站的资源特色，能更好地起到科普作用。

（五）"走进虎豹公园"系列科普视频计划

虎豹局拟模仿"博物杂志"无穷小亮老师鉴定网络热门生物的创意。拍摄虎豹公园的科普视频，旨在让公众了解的同时宣传虎豹公园的特有动植物及其生存智慧。

（六）科普宣讲团的建立和发展

拟在科普宣讲团成员中选取部分人员，针对东北虎豹的前世今生和虎豹公园成立的背景和意义、试点以来为保护虎豹及其栖息地所做的努力、巡护员的角度

阐述巡护技巧及经验、荣誉感及获得感、巡护过程中的艰辛及趣事、红外相机镜头下的影像及保护故事、普通公民如何爱上自然从而支持国家公园建设等方面进行宣讲，走进村屯、机关、社区、学校等。

（七）自然观察节计划

在虎豹公园范围内开展自然观察节活动。在记录虎豹公园原生物种多样性的基础上，更好地宣传虎豹公园生物多样性和生态系统原真性完整性。同时，本活动还将以不同参赛专业人士的独特视角，深入观察虎豹公园丰富的自然资源和人文资源，不断探索虎豹公园全民参与生态保护、全民共享保护成果的新路径和新方法，努力为社会公众提供亲近自然、体验自然、了解自然的机会。

（八）编制科普宣教实施方案

建设野外科普宣教点，编制科普读物和宣传册，设计科普活动，打造特有科普品牌。同时，利用科普基地平台，加强与黑龙江省、吉林省科技厅、教育厅、团省委、青少年发展基金会等合作，与大中小学，社会组织等建立横向联系，争取将学校生态科普夏令营、冬令营等落户虎豹公园。

（撰稿人：郭华兵、吴林锡、付明千）

依托稀缺生态资源禀赋
唱响"美丽中国江西样板"
——武夷山国家公园（江西片区）

江西武夷山自 1981 年设立自然保护地以来，特别是 2021 年武夷山国家公园正式设立后，始终坚持保护优先、夯实科普资源，多措并举强化科普能力，积极主动开展科普活动，有效扩大了武夷山国家公园在国内外的影响力和知名度。

一、独具特色的科普资源为江西片区科普工作提供扎实基础

（一）自然资源禀赋优越

武夷山国家公园（江西片区）总面积 279 平方千米，主要保护对象为中亚热带中山山地森林生态系统及国家重点保护植物原生地和国家重点保护动物栖息地，片区内森林覆盖率达 96% 以上，占江西省面积的 1.7‰，现记录生物物种 5098 种，其中国家一级保护野生动植物 16 种。丰富的生物多样性让这里被专家学者称为"昆虫的世界、鸟的天堂""动物的乐园""物种的基因库"。

（二）拥有两处独特原始的自然景观

一个是武夷山大峡谷的最佳观景点，大峡谷是一条南北纵横 80 千米、垂直落差 1600 多米的地质构造断裂带，在最佳观景点，能够看到两旁的高山如被一柄巨剑生生劈裂，峡谷笔直伸向远方，极有气势，谷底云蒸雾霭，溪水急舞白练、缓现碧潭，民居错落如积木，给人以很强的视觉冲击力和感染力。另一个是完整的植被垂直带谱，前往黄岗山的途中从低海拔至高海拔依次能够看到毛竹林、常绿阔叶林、常绿落叶阔叶混交林、针阔混交林、温性针叶林、中山苔藓矮曲林、中山灌丛草甸等层次分明、最为完整的江西森林植被类型。

（三）黄腹角雉、南方铁杉两个物种全球分布最多

黄腹角雉为我国特有的珍稀鸟类、国家一级保护野生动物，对栖息地依赖性强，且繁殖成功率较低，素有"鸟中大熊猫"之称，被列入《濒危野生动植物种国际贸易公约》（附录I）。经过持续16年的跟踪监测和全生活史系统研究显示，江西片区内的种群数量约7000只，是全球已知最大种群，该成果得到了学术界的普遍认可。近日由国家林业和草原局国家公园管理局、青海省人民政府共同主办的第二届国家公园论坛发布了首批国家公园总体规划，其中武夷山国家公园总体规划正式确立黄腹角雉为该公园旗舰物种，到2030年黄腹角雉野生种群数量需超过1200只，标志着黄腹角雉与其他4个国家公园的藏羚羊、雪豹、大熊猫、东北虎、东北豹、海南长臂猿共7种濒危珍稀野生动物，一并列为最具"中国代表性的物种"。南方铁杉为我国特有第三纪孑遗植物。在2011年的调查中，查明该物种在江西片区分布面积达1560公顷，为全球已知最大的分布面积。

（四）基础设施较为完善

一是具备完整的食宿接待条件，武夷山周边民宿可接待680人以上。二是交通便捷，上饶机场、高铁站出发至武夷山保护区叶家厂保护管理站，约85千米，自驾时长1.5小时左右；南昌出发，约340千米，自驾时长4小时左右；福建武夷山机场出发，约100千米，自驾时长1.5小时左右。

（五）科普载体多样

武夷山国家公园（江西片区）全新打造的宣教馆于2018年对外开放，总建筑面积1427.8平方米，分上下两层，依次设有序厅、沙盘区、植物区、昆虫区等8个展区，集中展示动植物标本1000余件，并配有讲解员2名。目前，对馆内部分区域进行了声光电视讯的升级改造，通过创建仿真的虚拟世界，打造生动、逼真的环境，还原了国家公园景观与自然资源的立体感和真实感，通过互动的形式让访客更为直观地了解武夷山优良的生态资源。

此外，还建有专门的科普教育体验馆总面积约240平方米，建有集自然科普教育体验、手工制作于一体的自然教育体验设施，配备科普书籍1000册，可提供50人开展标本制作、拓印等大自然体验活动；建有约1200米的生态科普小径，沿途设置宣传展板10余块，对生态小径周边的约300棵乔木树种（如银杏、水杉、香榧等珍稀树种）进行挂牌，树牌上的内容为该树种的学名及分类方式；在户外建有气象站1个、监测样地2个，在户外样地可开展动植物标本采集、感知自然等户外活动，能够充分展示自然界的丰富多彩。

二、全面开花的科普能力为江西片区科普工作提供有力保障

（一）组织机构、人才队伍完备

2003 年，为更好地开展科普工作，经江西省机构编制委员会办公室同意，江西武夷山国家级自然保护区管理局增设了科级内设机构——宣教服务中心，彻底改变之前由办公室承担科普工作的局面。宣教服务中心专门负责科普和公众教育工作，配备工作人员 2 人，制定了相关管理制度，将科普教育工作纳入 4 个管理站和保护、科研管理部门职责之一。经过多年的发展，江西片区现有从事林草科普教育工作专职人员 5 人，兼职人员 23 人，形成了一支由年轻干部组成的科普宣教队伍。近年来，为进一步提高科普宣教队伍的素质和水平，多次前往兄弟单位交流学习，邀请省内知名自然教育导师进行讲解培训，其中 4 人还参加了自然教育导师培训。

（二）积极探索生态体验模式

为发挥好国家公园在中国生态文明建设中的"窗口"作用，江西片区探索出了"现场体验＋媒体传播＋对外推广"的生态体验模式。现场体验包括免费向社会公众开放宣教馆、与相关机构（个人）联合开展自然教育研学活动等。媒体传播则是通过与中央、地方媒体合作，通过电视、报纸、网站、杂志、客户端等渠道，在央视《秘境之眼》及新华网、江西新闻等网络媒体推广宣传科普活动。对外推广包括利用宣传展板、横幅、标识牌等形式展示国家公园理念和习近平生态文明思想，举办各类科普宣传和自然教育等活动向公众展示江西片区的建设和生物多样性保护成效。

（三）科普经费投入稳定增长

近几年，共投入 1800 余万元资金用于科普基础设施改造（含宣教馆建设）及宣传活动。仅在 2022 年，为快速提升江西片区的科普硬件水平，在项目支持下，用于宣教馆基础设施建设方面的经费超过 200 万元。

三、丰富的科普活动为江西片区科普工作提供有力支撑

（一）辖区参观人数年均 6 万人次

宣教馆近 3 年来免费对外开放。据桐木关、西坑两个检查站的统计数据，每

年约有 6 万余人次进出辖区参观游憩。

（二）发力自然教育推动科普工作迈上新台阶

近几年，江西片区携手志愿者开展年均 10 余次研学或自然教育活动，活动主题涵盖了"了解自然、探秘武夷""大自然的语言——武夷之夏""齐聚精英，述说武夷""本草中国，本草武夷"等。活动对象有亲子家庭、在校师生、周边民宿游客等。

（三）常规特色两手抓

结合"爱鸟周""野生动物保护宣传月""平安建设""安全生产月"等各类主题活动，以现场发放宣传折页、播放宣传片和工作人员讲解等多种形式，采取走校园进社区的方式，年均开展了形式多样、内容丰富的宣传活动 20 余场。2022 年 3 月 3 日，在上饶市举办江西省第九个"世界野生动植物日"宣传活动，在主题宣传活动启动仪式上，通过学生诗歌朗诵、学生志愿者代表宣读倡议书、武夷山野生动植物保护主题艺术表演、"黄岗杯"野生动植物保护公益画大赛颁奖活动、野生动植物保护论坛等进一步扩大江西片区影响力。2022 年 5 月，利用江西知名地标——绿地双子楼的外墙 LED 屏宣传江西片区生物多样性保护工作。

四、科普影响日益提升为江西片区科普工作提供无限动力

（一）强强联合共创科普平台

为拓宽自然教育的广度和深度，提升自然教育的效果，组织以宣教馆科普内容为主题的讲解大赛，由武夷山保护区的干部职工评选出优秀讲解员，将江西片区内的自然知识通过讲解传递给公众。

（二）"黄岗三宝"名声远扬

江西片区最具当地特色、极具全球保护意义的代表性物种——"鸟中大熊猫"黄腹角雉、"鹿科动物中最神秘的物种"黑麂和第三纪孑遗植物南方铁杉，并称为"黄岗三宝"，经过多年不懈的科普宣传，已然成为江西片区一张响亮的科普名片和品牌。

（三）制作一系列精美的科普产品

2019 年以来，编制一系列科普读本，将科普讲座带进各中小学课堂并向全市 24 所中小学捐赠图书 6000 余册，涵盖学生数约 4 万人，并多次安排科普基地实践课，以武夷山国家公园腹地为"自然课堂"。2022 年 3 月，出版《江西有个武夷山》手绘本，以手绘形式，生动形象地展示武夷山风貌，依托自然博物馆、宣教馆、珍稀植物园、生态定位站等基础宣教设施，进一步深化国家公园理念宣传，提升青少年强烈的民族自豪感和生态保护责任意识；制作江西武夷山宣传片 4 版（动物、钟情、沙画和风景），可用于不同的科普场合和对象。

（四）营造国家公园建设良好氛围

2022 年，江西片区多次与中央电视台、凤凰新闻网、新浪网、网易、江西卫视、中国绿色时报、江西日报等 70 余家新闻媒体合作先后报道保护区的黄腹角雉、黑麂等生态资源和先进人物，共计宣传报道 240 余次。其中，与央视《秘境之眼》联合宣传以来，合计播放 12 次，关于黑麂和小鹿的视频作为江西省唯一"代表"入围《秘境之眼》精彩影像评选活动。2022 年，江西网络广播电视台和江西武夷山国家公园管理局签订了合作意向，关注武夷山国家公园日常工作并宣传报道 120 余次，且多家媒体慕名而来，进一步提升了武夷山的知名度。截至 2023 年，已在多家媒体报道 160 余次。

（五）近 3 年相关工作多次得到肯定

武夷山国家公园（江西片区）在 2019 年获得国家林业和草原局颁布的保护森林和野生动植物资源先进单位，以及生态环境部等 7 部门颁发的十佳自然保护区。2021 年，"江西武夷山国家级自然保护区黄腹角雉种群保护研究"获第六届江西林业科学技术奖二等奖；黑麂的红外相机视频获《秘境之眼》2021 年精彩视频点赞活动"优胜奖及第五届"4.22 地球日·最美地球印记"主题科普活动照片组优秀作品奖；江西片区获全省林业宣传工作先进单位、全国林草科普基地等。2022 年，获江西省林学会颁布的"江西省自然教育学校（基地）"，全国关注森林活动组织委员会颁布的"国家青少年自然教育绿色营地"，在由联合国环境规划基金会、中国环境保护协会、香港环境保护协会、澳门绿色环境保护协会联合主办，媒体主办方为全球商报联盟、香港商报的 2022 绿色亚太环保成就奖评选活动中，被授予"杰出自然保护区奖"。2023 年，荣获中国野生植物保护协会颁发的"江西武夷山国家级自然保护区生态教育基地"，荣获由国家林业和草原局宣传中心、浙江省林业局、中国绿色碳汇基金会主办，关注森林网承办的"2022年数字标本奖团体奖"、在《秘境之眼》2023年"你记忆中的美丽影像"点赞活动中推送的"藏酋猴《宝贝我要亲亲你》"获得一等奖。多次被省直机关工委评为"先进基层党组织"；被全国关注森林活动组织委员会评为"国家青少年自然教育绿色营地"，被中国野生植物保护协会评为"生态教育基地"。

下一步，我们将以"首批国家林草科普基地"评选为科普工作新的发展契机，学习其他国家公园的先进经验，进一步挖掘新的优良科普资源，加大科普队伍建设和经费投入力度，重点创新思想谋划一批科学性、趣味性相结合的科普活动，让大家都能通过武夷山这扇"生态之窗"，切实感受中国特色社会主义生态文明建设的伟大成就和光明前景。

（撰稿人：张彩霞）

发掘科研院所科普基础资源
开展"木材与生活"科普活动
——中国林业科学研究院木材工业研究所木材科普中心

  中国林业科学研究院木材工业研究所是我国木材科学与技术研究的国家级研究机构，也是世界规模最大的木材科学与技术研究机构，有着悠久的历史，由1928年成立的北平静生生物调查所、1930年成立的中央工业试验所以及1941年成立的中央林业实验所等近代卓有成就的生物、工业和林业科学领域研究机构发展而来。新中国成立后，随着国家经济恢复和生产建设的需要，经国务院批准于1957年3月14日正式成立。现已发展成为全国木材科学与技术研究中心，研究领域涵盖木材性质与应用、木基复合材料、木材化学利用、木（竹）结构、智能制造等，是林业系统第一个林业工程博士后流动站设站单位，同时也是国际林业研究组织联盟团体成员，在国际上享有盛誉。截至2022年12月底，全所共有在职职工167人，其中正高级专业技术人员31人，副高级专业技术人员72人；博士生导师18人，硕士生导师26人。拥有国际木材科学院院士3人，国家杰出青年科学基金获得者1人，新世纪百千万人才工程国家级人选1人，享受政府特殊津贴2人，国家"万人计划"中青年科技创新领军人才1人，国家优秀青年科学基金获得者1人，国家林业和草原局百千万人才省部级人选9人，国家林业和草原局林草科技创新团队3个、领军人才1人、青年拔尖人才2人；多人在国际学术组织任职，是一支学科齐全、布局合理、专业配套、结构优化的科研队伍。

  在开展科研的同时，木材工业研究所积极响应《国务院关于印发全民科学素质行动规划纲要（2021—2035年）的通知》等文件精神，充分利用和发掘科研院所的科技资源，以"木材与生活"为主题，积极开展形式多样的科普工作，并取得了比较显著的成效。荣获中国林学会"全国林草科普基地""木材与人类自然教育学校"，北京市教育委员会"北京市中小学生社会大课堂市级资源单位"，中国科学技术协会"全国科普教育基地"以及国家林业和草原局联合科学技术部共同颁发的首批"国家林草科普基地"等荣誉称号。

一、基础设施

科普基础设施包括展示场馆和室外基础设施，依托木材工业研究所现有科研基础设施开发建设，主要包括：

（一）中国林科院木材标本馆

位于中国林业科学研究院院内，展馆总面积 680 平方米，主展区位于木工楼 6 层。标本馆现保存国内外木材标本 36000 余号 9638 种，隶 260 科 1954 属；木材切片 36000 余片约 1500 种，隶 136 科 570 属；腊叶标本 6000 余号；馆藏量居亚洲第一。同时，还研制了"吸管木材年轮""透气木材""世界最轻木材""世界最重木材""发香木材"等科普展品。目前，开展的"木材认知"科普版块，生动形象地为公众科普了树木生长、认识木材以及可持续利用木材等科学知识。

（二）国家林业和草原局木材科学与技术重点实验室

位于中国林业科学研究院院内，占地总面积约 8500 平方米，是林业部 1995 年首批设立的重点实验室之一。依托重点实验室实验中心场馆，开展"木材利用"主题科普活动，包括木材与科学（木材与四大发明、木材与计算科学、木材与测量科学、木材与计时科学、木材与能源科学 5 个方面），木材用途（包括衣、食、住、行和艺术 5 个方面），木材加工利用（从钻木取火、古老传统木材加工技术到现代木材加工技术），木材利用新技术（木材海绵、超强木材、透明木材、木材防火、功能改良、防腐抗菌等方面）等。为公众科普了木材加工技术发展、木材利用新技术等科学知识。

（三）国家人造板与木质制品质量检验检测中心

国家人造板与木质制品质量检验检测中心位于中国林业科学研究院院内，占地总面积约 1500 平方米，成立于 1988 年 8 月 8 日，国家技术监督局第一批授权成立的国家质检中心，挂靠在中国林业科学研究院木材工业研究所，是木竹产业领域的国家级专业检验机构。科普主展馆 VOC 实验室配备国内最先进的甲醛、VOC 等检测设备，为行业和社会民众提供检测、咨询等全面服务。依托本场馆开展"木质家园"主题科普活动，拥有家具、人造板、木质复合材料、木材、竹材、木地板、木质门窗、橱柜、护墙板、壁纸和楼梯等木质产品的质量检测科普条件设施，传播了木质产品及其环保性能对人体健康影响的科学知识，倡导社会公众坚持绿色可持续消费理念，提升全社会使用绿色家居的环保意识。

（四）林木生物质低碳高效利用国家工程研究中心中试基地

位于北京市门头沟区石门营工业开发区，占地面积 26000 平方米（40 亩），建筑面积 9500 平方米。林木生物质低碳高效利用国家工程研究中心的前身是木材工业国家工程研究中心，于 1995 年由国家计委批复建设，2021 年优化整合后纳入国家发展和改革委员会新序列国家工程研究中心，是国家林业和草原局主管的唯一国家工程研究中心，是科研－科普－孵化相结合的平台。依托国家工程研究中心中试基地，设立"木文化"科普版块，包括伍德木工坊、木材加工机械馆、文物建筑木结构展馆等室内科普展馆，以及木竹建筑公园、木材野外试验场等室外科普场所，为社会公众科普传统木文化、木文化创意、木材与人类文明发展等科学知识。

二、科普队伍

成立了以所长傅峰任组长、分管科普工作的纪委书记郭文静任副组长的科普工作领导小组，设立科普办公室，归口木材工业研究所科技处。

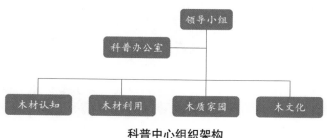

科普中心组织架构

建立由"木材认知""木材利用""木质家园"和"木文化"4 个科普版块人员组成的科普团队 20 余人，其中每个部门的负责人担任首席科普专家，指定 1 人专门具体负责本部门的科普工作。此外，还组织和培训研究生等 15 人担任科普志愿者。定期对科普兼职人员、科普志愿者开展科普知识与科普技能专项培训，参加培训人员 150 人次，提高了科普工作人员科普技能和服务水平。

三、科普宣传

结合科普活动的特点，准备了形式多样的科普宣传品。主要包括：

（1）小视频类：制作了木材标本馆、甲醛小知识、钻木取火等科普小视频。

（2）手册类：制作了木材标本馆、国家人造板与木竹制品质量检验检测中心、木工机械馆、中国林业科学研究院木材工业研究所科研成果集、《常见贸易濒危与珍贵识别手册》等。

（3）图书类：编制出版了《木材学》《中国木材志》《东南亚热带木材》《非洲热带木材》《木地板安装规范》等。

（4）期刊类：主办《木材科学与技术》《中国人造板》两本学术期刊。

（5）线上平台：在中国林业科学研究院木材工业研究所网站开设了"科普知识"板块，设立"认知树木了解木材""红木知识""地板知识""木制品知识"及"政策法规"等科普专栏，普及人们普遍关注的木材科学知识及问题。建立中国林业科学研究院木材标本馆网站，设立"木材标本""树种鉴定""新闻资讯""专家团队""科研成果""木材知识""标准法规"等板块，对木材标本馆的历史、馆藏、功能、成就等进行全面的展示，访问者可以在线浏览学习有关科学知识，也可在线留言交流学习、预约科普参观等。此外，还建立了"伍德木坊""木材科学与技术重点实验室""木材工业""中国人造板"等微信公众号，定期发布最新的科研动态，普及木材科学知识。

充分利用木材标本馆、国家工程研究中心、国家林业和草原局重点实验室、国家质检中心现有先进科研设施的优势，因地制宜地发挥和挖掘其科普功能，科研和科普相结合，将木材应用于人们生活中。通过科普，将知识与应用有机连接；通过科普，宣传知识；通过科普，改善生活。三者有机结合，互相促进。

四、科普活动

在保障科研任务完成、确保安全的前提下，现有科普场馆免费对外开放，需提前1周预约。DIY制作类科普活动，视情况收取一定成本费，制作好的作品可以带走。近年来，重复利用科普资源，开展形式多样的科普活动，年接待参观5000人次，接待培训交流2000人次，接受检测鉴定2000批次，接听消费者电话咨询1000余次。

（一）"木材认知"科普活动

依托馆藏量居亚洲第一的木材标本馆开展涵盖木材科学发展、木材标本社会价值、国内外重要商品木材、濒危珍贵树种保护、考古木材保护、木材识别新技术、木材性质与功能等内容的科普活动，获得了良好的科学知识传播效应。展示"吸管木材年轮""透气木材""世界最轻木材""世界最重木材""发香木材"等科普展品，生动形象地为公众普及了树木生长、认识木材以及可持续利用木材等科学知识。每年举行科普活动150 次，接待人员 1200 人次。

培星小学科技活动周

童眼观生态科普活动

（二）"木材利用"科普活动

依托国家林业和草原局木材科学与技术重点实验室实验中心，发挥重点实验室科研强项，开展木材与科学、木材用途、木材加工利用、前沿技术等板块。通过参观考察木材科学与技术重点实验室科学仪器设施、科技成果，以及参与实验室举办的主题科普活动，了解木材利用相关知识。每年举办科普活动 10 次，接待人员 300 人次。2021 年 7 月 16 日，由中国林学会、林木遗传育种国家重点实验室、北京市第八中学、首都师范大学附属中学和中国生态文化协会宣传教育分会联合举办的"科普中国"林草科学家精神系列活动在中国林业科学研究院举行。来自北京第八中学、五十五中学、首都师范大学附属中学、牛栏山第一中学、密云第二中学、平谷中学等学校的 20 名"翱翔计划"学员和 10 名指导教师参加了活动。场外 6 万余人次参与线上活动。中国林业科学研究院木材工业研究所博士生导师、首席科普员杨忠研究员作《从钻木取火到木材科学前沿技术》科普报告。

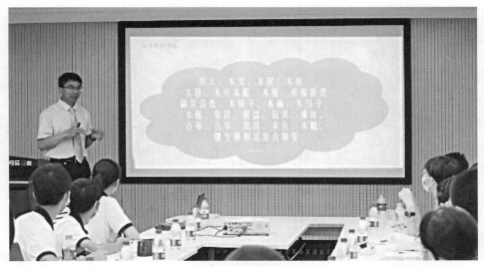

科普报告

（三）"木质家园"科普活动

依托国家人造板与木竹制品质量检验检测中心，以"绿色健康"为科普重点，内容涵盖木质产品主要质量要求、木质产品现行标准、木质产品常规测试方法、木质产品甲醛释放量、木质产品气味、木质产品选购注意事项及木质产品保养注意事项等方面。关注木质产品的质量、检测与控制，传播木质产品及其环保性能对人体健康影响的科学知识，倡导社会公众坚持绿色可持续消费理念，提升全社会使用绿色家居的环保意识。通过现场参观与交流、开展消费者公益电话咨询活动，提高公众对产品质量的认知水平，提升消费者权益保护意识。每年举办活动10次，接待人员3000人次。

（四）科普品牌

经多年宣传、培养、积淀，结合木材工业研究所科研、教学、科普一体化特点，树立了以下3个科普品牌：

品牌活动1. 认知木材（木材标本馆）科普活动

依托中国林业科学研究院木材标本馆建立，具有以下鲜明特点：

（1）到访中国林业科学研究院的领导、专家参观首选地，业内影响力高；

（2）大学生、研究生学习、科研、普及提升木材科学知识水平的教育基地；

（3）中小学生喜爱的木材科普基地；

（4）iWood 木材识别技术、数字化标本馆为全社会提供科普服务和科研支持。

相关领导访问木材标本馆

品牌活动 2. 木材科学文创园系列活动

本科普活动依托林木生物质低碳高效利用国家工程研究中心中试基地独有的科普资源建立，属于科普自创品牌，可针对不同人群可进行定制。具有以下鲜明特色：

（1）专题讲座：发挥科研院所优势，进行科普宣传，配以讲解及视频图片，将专业知识通俗化、具象化、可视化。

（2）展览讲解：展览以展示收集的传统木工工具、古建筑木材标本、传统木工机械和相关图片为主，以供大家近距离观览，通过近距离接触的方式科普木材科学知识。

（3）动手实践：面向不同年龄段、不同需求的人群，开发了一系列木工课程，包括"鲁班锁""木拱桥""榫卯凳"等。

文创园科普活动现场

品牌活动 3．"变木为宝"创意科普实践活动

本科普活动依托国家林业和草原局木材科学与技术重点实验室设立，林木生物质低碳高效利用国家工程研究中心中试基地独有的科普资源建立，充分利用科研实验后的废弃试材，通过实验室老师的专业讲解和培训，以 DIY 创意制作的活动形式，将废弃试验材料制作成人民喜爱的木作制品，活动结束后还可以将自己的作品带走。活动中还设置了作品比赛的环节，深受广大科普参与者的喜爱。

试验废料和试件边角料

科普活动手工作品

五、经营管理

（一）科普经费

科普运行经费由依托单位提供，包括科普工作涉及的场馆日常运行费、维修维护费等，纳入相应部门的年度预算，由木材工业研究所财政统筹解决。科普场馆升级改造、科研仪器及科普设施购置、科普展品增量等科普能力提升等经费，通过不同渠道，申请专项项目支持。据不完全统计，近年来科普能力提升方面筹集到的项目经费超过 500 万元。

中国林业科学研究院木材工业研究所木材科普中心科普经费

序 号	项目名称	来 源	支出科目	起止日期	金额（万元）
1	木材标本的收集、整理和分析	中国林业科学研究院	木材标本收集、整理和分析	2009年1月至2012年12月	30.0
2	珍贵木材标本科普活动室研建	中国林业科学研究院	科普活动场馆建设	2013年1～12月	3.0
3	世界木材标本馆实力研究	中国林业科学研究院	木材标本馆现状调研、发展与科普规划制定	2016年1月至2017年12月	10.0
4	木材标本馆升级	中国林业科学研究院	木材标本馆标本采集、整理，科普条件升级	2016年1月至2019年12月	120.0
5	《常见贸易濒危木材识别手册》（中英文）编写	国家林业和草原局	《常见贸易濒危木材识别手册》科普书籍编写与出版	2020年1～12月	50.0
6	海洋出水木质文物保存状况评估体系研究	国家文物局水下文化遗产保护中心	海洋出土木材标本制作、分析、数字话处理	2020年1～12月	55.0
7	木工所中试基地厂区基础设施改造项目	国家林业和草原局	木材工业国家工程研究中心中试基地科普场馆维护改造（伍德坊、木作学院等）	2020年1～12月	245.0
合　计					513.0

（二）社会影响

在各级领导关心指导下，经几代人辛勤工作与奉献下，木材科普工作蒸蒸日上，在行业的影响力不断扩大。主要体现在以下几方面：①馆藏量亚洲第一的木材标本馆，提升了"认知木材"科普板块的实力，科学技术部、国家林业和草原局及国内外领导和专家参观、访问、交流、建议等也提升了科普板块的知名度和社会影响力。②通过接受广大消费者3·15电话咨询、举办形式多样的科普活动，积极参考全国科普日和国家林业和草原局科普周等活动，扩大木材工业研究所的影响力。③科普小品"《榫卯结构——皇宫圈椅那些事儿》视频转发及点击观看人数超过113万人次，说明比起专业的科学讲义，人民群众更愿意接受科普类科学知识，社会影响更大。

（三）特色与创新

（1）成果融入科普：将研究成果融入科普，新技术、新材料融入生活。

（2）拓展科普对象：政府部门、消费者、研究生、大中小学生。

（3）贴近人们生活：木家居、木家具、木文化、木用品、木建筑。

（4）自创特色科普：可定制的木作制造 DIY 科普活动等趣味性、参与性强的科普节目。

（撰稿人：高瑞清）

打造世界竹藤科普高地
引领时代绿色低碳生活

——国际竹藤中心竹藤科普馆

  国际竹藤中心是经科学技术部、财政部、中央机构编制委员会办公室批准成立的国家级非营利性科研事业单位，正式成立于 2000 年 7 月，隶属于国家林业局（现国家林业和草原局）。其成立的宗旨是通过建立一个国际性的竹藤科学研究平台，直接服务于第一个总部设在中国的政府间国际组织——国际竹藤组织（INBAR），支持和配合国际竹藤组织履行其使命和宗旨，以使我国更好地履行《国际竹藤组织东道国协定》，推动国际竹藤事业可持续发展。

  国际竹藤中心是立足国内、面向世界的，以竹藤科学研究为主的科研、管理与培训机构，其主要职责和任务是组建包括竹藤生物技术、材性及加工利用等在内的国家级重点开放实验室，建立世界竹藤基因库；开展有关竹藤资源保护、培育、材性研究、开发利用等方面的国际科技合作交流，建立开放型国际竹藤科研体系；与中国林业科学研究院合作组建研究生院，培养相关领域的高级专业人才；面向国际竹藤组织各成员国，制定和组织实施国际竹藤科学研究战略，开发推广高效竹藤综合利用技术；建立现代化的国际竹藤科技信息网络，为国内外提供相关科技咨询、论证、评估等服务；承担相关的国际培训、学术交流及宣传工作；负责国际竹藤组织总部大楼和国际竹藤中心重点开放实验室、培训中心的综合管理工作。国际竹藤中心长期致力于国内外知识传播和科学普及工作，在自身科普创新能力提升、专业人才队伍培养、科普活动拓展和品牌建设等方面均取得较突出的成绩，获得了较高的社会影响力。

一、基础建设

  国际竹藤中心竹藤科普馆科普基地包括竹藤展厅、竹藤标本馆、国家林业和草原局/北京市共建竹藤科学与技术重点实验室和国际竹藤中心竹类与花卉国家林木种质资源保存库四部分组成。其中，竹藤展厅建于2012年，面积500余平方米，主要包含竹藤家具及家装制品、竹藤工艺品、竹藤标本、竹日用品、竹化工品、竹食品等100余种竹藤产品，并通过文字、图片和视频数字化展示世界及我国竹藤文化、科技、产业发展成果和产品。竹藤标本馆面积约1500平方米，馆藏竹藤腊叶、笋、秆等各类标本2万余件，是集竹、藤等标本收集、保存、研究于一体的综合性标本馆，旨在为国际竹藤组织成员国、大专院校、科研院所及竹藤植物爱好者提供标本交换、研究、查阅等社会服务。竹藤科学与技术重点实验室是打造竹藤科技的重要国际性科学研究平台，不仅承担中心主要科研任务，还开展针对中小学生的科普工作，为促进国际竹藤事业可持续发展作出重要贡献。国际竹藤中心竹类与花卉国家林木种质资源保存库包括山东青岛、安徽黄山和海南三亚3个分库，其中山东青岛竹类与花卉种质资源保存库已移植40个竹种2万余株；安徽太平亚热带竹类与木本花卉种质资源保存库已经收集竹类植物23属345种（份）；海南三亚热带森林植物种质资源保存库已保存竹类植物4属11种、热带珍贵树种15属15种、棕榈藤3属8种。

在信息化建设上，中心网站设立了专门的科普板块，用于发布科普相关动态；重点实验室建立了专门的网站用于其科研和科普工作；同时，中心以中国生态文化协会为平台，开展科普相关工作，并建设中国生态文化协会《生态文明世界》杂志网站；在新媒体方面，以中国生态文化协会和国际竹藤中心公众号为依托，开展视频、科普活动宣传。新冠疫情期间，国际竹藤中心创新开展网络云科普模式，通过网络直播、网络会议等平台，组织开展了面向大学生的竹藤云课堂，目前已经与北京林业大学开展联合创新尝试，并取得了一定的积极成果。

二、科普队伍

国际竹藤中心科普基地目前有专职科普人员5名，兼职科普人员50名，专、兼职人员长期从事林业科研或科普相关工作，专业水平高。国际竹藤中心科普办公室以科技处为依托，建立了专家库；通过举办各类科普活动和交流培训，培养了一批高素质的科普人才队伍，形成了涵盖竹藤科研、科普、技术产业为一体的专家智库，向公众科普竹藤相关知识和产品。自2018年以来，有12名专家被科学技术（暨科学普及）出版社聘为科技/科普专家，2名专家入选国家林业和草原局科普专家遴选库。

三、科普作品

目前，国际竹藤中心已形成多样化的科普作品，出版图书主要有《中国竹类植物图鉴》《中国棕榈藤手册》《神奇的棕榈藤》《世界竹藤》《绿竹神气》《中国水仙》《Handbook of Rattan in China》等，杂志《生态文明世界》以及"竹之艺"、中心竹藤科技介绍视频等相关视频宣传品。其中，《中国竹类植物图鉴》图书精选高清图片 1200 余幅，同时辅以手绘植物科学画 10 余幅，介绍了 27 属 238 种竹类植物。全书简洁直观、视角新颖、信息丰富，着重反映竹笋所呈现的分类学特征，同时兼顾竹箨、竹秆、竹叶、花序等信息描述，将丰富多彩的竹类植物世界向公众进行科普，既具有很高的学术性，又具有很强的艺术性和实用性。2021年，该书喜获第十届梁希科普奖一等奖。

四、科普活动

国际竹藤中心竹藤科普馆于 2017—2021 年依托国际竹藤中心竹藤展厅和竹藤科学与技术重点实验室平台开展活动，多次联合接待国内外领导、专家和企业代表参观竹藤展厅，开展竹产业技术和竹产品的科普宣传。其中，竹藤展厅、竹藤科学与技术重点实验室每年累积开放 200 天以上，近 3 年年均参观人数约 1.5万人。

常规科普活动包括举办"送科技下乡"活动，累计为地方林业和草原局捐赠林业扶贫致富等相关书籍 40 多种近 400 册，通过传播党政方针、林业技术，加强扶贫与扶智、扶志并举，促进地方林业及竹产业发展；定期开展研究生入学科普教育活动，主要包括认识中心实验室、参观展厅，了解国际竹藤中心历史等相关活动，提升研究生对中心和竹藤科研的认识；开展生态文化进校园、大学生生态文化征文，以及青少年林业比赛等青少年生态文化系列活动，向青少年和大学生们普及了生态文化相关知识；定期组织开展亲子手工、儿童竹藤知识科普宣传活动，引导儿童赓续竹藤事业；面向全国各地 600 多所相关高校、50 余家科研院所和近 100 座地方图书馆，举办科普和科技图书交流活动，分享交流了《世界竹藤》《世界主要树种木材科学特性》《中国棕榈藤》《绿竹神气》《中国水仙》《Handbook of Rattan in China》等 36 种中英文图书共计 14000 余册。

在科普交流与合作方面，截至目前，国际竹藤中心与国际竹藤组织、中国生态文化协会、中国竹产业协会、中国林学会竹藤资源利用分会、中国林业科学研究院等协会和科研机构开展多种形式的科普合作。竹藤科学与技术重点实验室、国际竹藤中心竹类与花卉国家林木种质资源保存库等科研基地，也与黄山学院、海南大学、北京市第十八中学、安徽黄山教育局广阳中心小学等高校、中小学开展广泛合作，共同推进竹藤科普工作。近些年来，国际竹藤中心围绕自身竹藤特色，以全国科技周、全国科普日、林草科技周、世界园艺博览会、中国花卉博览会、中国竹文化节等为契机打造一系列科普活动，逐步形成了独具特色的竹藤活动品牌，主要包括竹藤工艺传播和科普品牌、竹藤科技与文化科普品牌、竹藤馆科普展示品牌，向大众普及了竹藤产品和文化。

1. 竹藤工艺传播和科普品牌

国际竹藤中心以全国林草科技活动周和中心培训为依托，邀请非物质文化遗产传承人现场讲解、演示和传授竹编工艺技能，积极与观众互动、指导观众学习基础的竹编技巧，极大地提高了观众的参与度以及对竹藤产品的热情。该品牌活动每年举办 1 ~ 2 次，显示出了较强的活跃度。

2. 竹藤科技与文化科普品牌

国际竹藤中心以竹藤科学与技术重点实验室、竹藤展厅、竹藤标本馆等科普平台为依托，通过公众开放日、中小学生参观讲座等方式，向学生及公众科普国际竹藤中心竹藤科技成果、文化及竹藤产品对我们生活的影响，提升公众对竹藤产品认知，以及中小学生竹藤科学素养。该品牌活动每年举办 1 次，具有较强的活跃度。

3. 竹藤馆科普展示品牌

国际竹藤中心以世界园艺博览会、中国花卉博览会、中国竹文化节等各类博览会为契机，与国际竹藤组织、中国竹产业协会等机构合作，通过建立竹藤展园、竹藤馆的形式，向公众展示竹藤建筑、竹藤新材料等新兴科技产品的魅力。该品牌活动平均每 4 年举办 1 次。"绿竹神气，绽放世园"活动获得第九届梁希科普奖；"知足常乐，共享美好生活"获得第八届梁希科普奖。

国际竹藤中心开展的各项科普活动，受到了从地方有关部门至国家林业和草原局的高度关注。相关活动内容频繁登上中国林业网、中国绿色时报等国家级媒体，以及新民晚报、扬子晚报等地方媒体。据统计，在 2017—2020 年，国际竹藤中心科普活动累计被报道近 300 余次，仅在 2021 年，第十届中国花卉博览会竹藤馆相关科普活动，就受到了人民网、新浪网、新民晚报、潇湘晨报等多家主流媒体报道，文章达 80 余篇。

五、经营管理

（一）经费管理

通过林草科普项目和中心基本科研业务费，初步形成了较为稳定的科普经费来源。近 3 年，国际竹藤中心承担国家林业和草原局林草科普项目 5 项，累计资金 44 万元；国际竹藤中心基本科研业务费中，支持科普类相关项目共计 8 项，累计投入资金 230 万元。

（二）组织机构

国际竹藤中心科普基地形成了一套完整的管理机构，设立了由中心主任分管，科技处牵头，综合办、绿色经济研究所、重点实验室、培训处等部门协助的科普办公室，专门负责国际竹藤中心科普工作。目前，国际竹藤中心已经形成较为完备的科普工作制度，制定《科普工作及基地管理制度》，同时科普办公室还负责相关科普规划和年度科普总结工作。目前，已完成国际竹藤中心"十四五"科普规划的相关内容，并纳入国际竹藤中心"十四五"发展规划中。

（三）科研、科普功能一体化建设

"十三五"期间，国际竹藤中心在科学研究、成果推广、人才培养、国际交流、条件能力建设等方面都取得了显著成效。获得这些科研成果的同时，国际竹藤中心多途径向公众介绍和展示竹藤科研新产品，真正实现科研、科普一体化。围绕现代林业创新驱动和竹产业升级需求，践行"两山"理念，助推项目成果服务木材安全、生态安全、绿色发展、乡村振兴、脱贫攻坚、"南南合作"、"一带一路"等国家重大战略。共获批国家科研计划项目 36 项，合同经费共 1.27 亿元。5 年来，共发表科技期刊论文 693 篇，申请专利 106 件，授权专利 84 件；鉴定/认定/评价成果 20 项；编写科技专著 13 部。江泽慧教授荣获"全球竹藤事业终身成就奖"。国际竹藤中心荣获国家科技进步二等奖 3 项（1 项待正式公布）；梁希林业科学技术奖一等奖 4 项、二等奖 6 项；茅以升木材科学技术奖 5 项；中国林业青年科技奖 3 项；国家知识产权战略实施工作先进集体 1 项；全国生态建设突出贡献奖先进集体 4 项，先进个人 6 人。涌现出了一批具有代表性的科技成果和产品，如高强度竹基纤维复合材料、经济竹种精准化高效培育关键技术、竹源药品和保健食品等。

国际竹藤中心也积极以世界园艺博览会、全国林草科技周、中国花卉博览会、中国竹文化节等活动以及中心竹藤展厅为载体，通过建立专门的竹藤馆展厅等形式，主动积极地向大众科普了国际竹藤中心的科研成果。例如，在国际竹藤中心竹藤展厅中，陈列着丰富的科研产品，如特种竹材、低胶／无胶竹展平材等最新研发成果，以及竹醋液、竹炭、竹纤维纺织品等商业化科研成果；在第十届中国花卉博览会竹藤馆中，设计师采用了复合竹材——高强度竹基纤维复合材料，这一具有高强度、低碳环保等特点的新型的绿色竹材，以穿插编织的方式建造了整个竹藤馆的外立面，让大众能够直接、深刻和沉浸式地体验竹藤科技对生活的改变。

（四）科普特色和自主创新

1. 强化竹藤特色

国际竹藤中心以竹藤特色科普资源深度挖掘为核心，重点围绕竹藤科技和竹藤文化科普宣传推广，以宣传平台建设为重点，普惠共享、交流互鉴的现代竹藤科普体系为主要目标，从竹藤科普创新、宣传平台建设、科普惠农等方面，开展竹藤科普作品和产品的研发与创新，提升优质竹藤科普内容的供给能力。

2. 科普能力创新

开展竹藤科普作品和产品的研发与创新，提升优质竹藤科普内容的供给能力，突出科普能力建设，强化科技供给和科技成果推广应用，依托国际竹藤中心科研平台打造竹藤特色科普基地。同时，利用现代信息技术，构建线上线下相结合、公众跨距离全天候参与的科普活动模式，展示竹藤科技新技术、新产品，激发创新创造活力，提升公众生态意识和科学素养，为推动实现我国公民科学与文化素质的跨越式提升、服务竹藤创新驱动引领高质量发展提供重要支撑。

3. 突出科普惠农

实施竹藤科普惠农示范活动，提高竹藤科普惠农服务的能力和水平，助力脱贫攻坚与乡村振兴的有效衔接。

（撰稿人：牟少华）

以学科深厚积淀 铸就高校博物基地
——北京林业大学博物馆

北京林业大学博物馆是以北京林业大学校内标本资源为基础，以森林植物标本馆建设为起点，通过在林草多学科的积淀与深耕，逐渐形成了集植物、昆虫、动物、木材、病理、菌物、土壤与岩石等标本收藏与展示的综合性博物馆。从1923年至今已近百年历史，经历了北京林业大学的全部历史变迁。截至目前，北京林业大学博物馆收藏标本近33万份，一直承载着教学育人、科学研究、标本保藏和科学普及的任务。近年来，北京林业大学博物馆在支撑教学与科研的基础上，加大知识传播和科学普及工作的深度和广度，在科普设施建设、科普队伍建设、科普创新能力提升和科普产品创作等方面均取得了显著成果。

一、基础建设

北京林业大学博物馆坐落于北京林业大学校园中心位置，现有展览面积2300平方米，分为4个展厅和6个展室。展厅空间相对较大，功能多样，一般用于教学、展示和科普宣传，分别为哺乳动物展厅、昆虫展厅、鸟类与爬行动物展厅、综合展厅。展室空间相对较小，但专业性更强，以教学和保藏为主，分别为植物展室、种子展室、木材展室、菌物展室、土壤展室、岩石与矿物展室。北京林业大学博物馆现藏有国家一级保护野生动物94种，国家二级保护野生动物124种；国家一级保护野生植物107种，国家二级保护野生植物613种。截至2023年12月，本馆已收藏植物标本18万份，昆虫标本13万份，动物标本2000余份，菌物标本6000余份，木材标本1万余份，土壤与岩石标本近400份。其中，模式标本保藏约1000份。

北京林业大学博物馆依托学科资源的同时，也长期回馈学科建设，与学科发

博物馆正门

博物馆一层哺乳动物展厅

展相辅相成，齐头并进。迄今为止，已经承担了植物学、树木学、动物学、微生物学、木材学、土壤学等近 30 门课程的教学观摩与实习任务，涵盖林学院、水土保持学院、生物科学与技术学院、生态与自然保护学院等 8 个学院，每年约2000 人 / 学时。

在科学研究领域，北京林业大学博物馆积极承担国家和省部级科研项目，产出多项科研成果，为科普的前沿性、权威性和专业性夯实了基础。近 5 年来，北京林业大学博物馆承担"十三五"国家重点研发计划课题 1 项，承担国家重点研发项目、国家自然科学基金等科研项目 7 项，以及北京市科委北京冬奥延庆赛区生态环境保护与监测项目，以第一作者和通讯作者发表科研论文 26 篇，其中SCI 论文 20 篇。此外，借用并标注 BJFC 馆藏标本发表 SCI 论文合计 35 篇。

北京林业大学博物馆重视发展标本数字化和线上平台等信息化建设。为了更好地管理和维护标本，已建成植物、菌物和昆虫的标本数据库系统。北京林业大学博物馆拥有多个自媒体宣传平台，包括北京林业大学博物馆官方网站、北京林业大学博物馆微信公众号，以及志愿者团队的银蝶志愿者微信公众号、抖音、B站、快手等多媒体平台。在导览方面，北京林业大学博物馆微信公众号已经上线200种保护动物的语音解说、文字介绍，实现自动语音导览功能。此外，VR虚拟漫游系统（vrm.bjfu.edu.cn）可以支持观众在电脑端和手机端进行博物馆虚拟参观。

二、科普队伍

北京林业大学博物馆在岗专职科普人员8人，兼职科普人员31人，正式学生志愿者67人。专职科普团队分别负责标本典藏与研究、科普与宣传、运营与管理3个部门。其中，标本典藏与研究部门负责全馆所有标本的征集、采集、入藏、管理和研究；科普与宣传部门负责科普知识的传播与推广、线上平台运维、科普宣传品设计与制作、科普活动策划与执行等工作；运营与管理部门负责博物馆的基本运行、财务管理和志愿者管理等。

兼职科普人员为北京林业大学各个学院的教授专家。他们首先为博物馆提供科学技术支撑与咨询，其次作为专家参与重大科普活动，并为博物馆宣传平台提供科普稿件。

银蝶学生志愿讲解服务团坚持在教师指导下进行学生自主管理模式，主要为博物馆提供中英文讲解服务。在过去的3年间，银蝶志愿者为4087人次观众提供了129场志愿讲解服务。银蝶志愿者获得了北京高校博物馆讲解比赛一等奖、京津冀高校博物馆优秀讲解案例展示活动三等奖、全国林业和草原科普讲解大赛获优秀奖等多种讲解类比赛奖项。此外，前后5次荣获北京林业大学"十大优秀志愿服务项目"荣誉称号，1名志愿者被评为"2020十大优秀志愿者"。

三、科普作品

北京林业大学博物馆积极发挥高校人才优势和学科优势，在科普书籍和科普文章写作方面成果显著。建馆至今，北京林业大学博物馆已陆续出版10余本深入浅出、可读性强的科普专著和译著。其中，《AR奇幻植物园》荣获第八届梁希科普奖（作品类）二等奖；《北京花开：写给大家看的植物书（珍藏版）》获2018年海峡两岸书籍设计邀请赛优秀作品奖。此外，在全国各类科普期刊已发表科普文章30余篇。

北京林业大学博物馆科普宣传品的开发有利于科学普及和宣传推广。在开发过程中，设计团队着重融合校园文化和林业学科元素，从使用者角度开展设计，力求产品具有宣传、科普和实用等多种属性。针对北京林业大学的教学特点，积极发动北林学子的主观能动性和原创设计的积极性，组织形式多样的宣传品设计比赛，从中选择优秀创意进行转化。目前，已完成设计制作科普宣传品 30 个品类，受到校园内外广泛好评。

四、科普活动

北京林业大学博物馆从 2011 年开馆，接待人数逐年增加，年均接待观众近万人次。博物馆每年在 5·18 国际博物馆日、12·5 国际志愿人员日、毕业季、迎新季、林草科技开放周等重要节点面向全社会免预约开放活动。

除开放日之外，北京林业大学博物馆也在校内积极组织和策划形式多样和内容丰富的科普活动。成功举办了"守望自然 2019——中国肯尼亚野生动物保护主题影像展"活动，尝试科学与文化的融合，以各自传统文化中与动物及自然密切相关的代表性人文艺术形式展现肯尼亚与中国最具代表性的野生动物资源以及保护成就，表达人与自然和谐共处的核心理念；参加中国国际服务贸易交易会和深圳线上文博会，顺利完成了线上、线下的双展览任务；参加北京市博物馆联盟"一馆一品"讲座等科普活动 10 次，受众约 1000 人；为北京电视台录制 2 期"解码中华地标"节目，为我国农业地标产品进行代言和宣传，推动地方农业经济发展，被教育部列为中小学生假期观看节目之一。

另外，北京林业大学博物馆科普人员坚持走出校园，服务中小学科普教育，迄今已为 10 余所学校和幼儿园提供科普讲座和科普策划等服务。

五、经营管理

1. 经费管理

北京林业大学博物馆是北京林业大学的二级机构，财务决算按照学校统一管理执行。为了保障科普经费的充足和有效执行，博物馆每年进行科普经费预算，保证专款专用，按期完成。近 3 年来，年投入科普经费约 25 万元。此外，积极申请各类科普项目，通过项目拨款作为补充经费，可确保开展科普工作的正常经费开支。

2. 制度管理

制定了《北京林业大学博物馆参观及科普活动管理制度》《展厅管理办法》《标本管理办法》《北京林业大学博物馆人员管理制度》等多项管理规定，编制了《北京林业大学博物馆安全事故防范措施与应急预案》，日常进行职工和志愿者的消防安全培训，有效保证科普工作的开展。

3. 科研服务社会

北京林业大学博物馆长期为社会相关机构提供科研支撑与科普服务，积极参与社会主义新农村建设，与北京丰台区南宫村合作，支持建设南宫自然与艺术博物馆，提供博物馆管理、展陈布置和发展建议思路，借展标本 75 种（类）118 件，丰富了北京王佐镇地区文化设施，提高了标本的利用效率。

北京林业大学博物馆专家受邀为自然保护区、政府项目以及社会项目提供技术咨询。例如，担任 2022 年北京冬奥会咨询委员会专家，提供生态环境建设咨询；协助北京市园林绿化局等单位服务周边乡镇，为门头沟区玫瑰种植园病虫害、房山蒲洼乡林业病害、房山区猕猴桃溃疡病等问题提出建议及防控重点措施；为北京市园林绿化局种苗站种苗及植物资源利用提供咨询服务等，共计 20 余项。

（撰稿人：王志良、张勇）

助力"双一流"高校学科建设
积极传播生态文明理念
——中国(哈尔滨)森林博物馆

中国(哈尔滨)森林博物馆(简称博物馆)是由国家林业局(现国家林业和草原局)批准并命名的以森林为主题的高校博物馆。博物馆为"双一流"建设高校——东北林业大学提供优质的教学、科研资源,成为学校服务社会公众、普及森林文化和倡导生态文明的文化育人阵地,不断为扩大学校的知名度和影响力贡献力量。

一、基地特色

博物馆建筑面积 11000 平方米,内设 7 个常规展厅、1 个临时展厅。另外,设有国内唯一接收和管理国家林业罚没野生动植物制品的保存库。2013 年 6 月起免费开放。

馆内汇集学校特色学科资源,以"森林与地球同呼吸、森林与万物同呼吸、森林与人类同呼吸、森林与未来同呼吸"为主题,从森林与自然界、森林与人类两方向诠释人类社会与生态环境关系。全面展现林业发展历史,凝练森林文化内涵,传承行业精神,彰显生态文明,耦合社会经济,长效发挥"收藏与积淀、教育与研究、展示与交流、文明与进步"的功能。

博物馆以特色的藏品及直观、形象的视觉传播方式,满足观众不同的参观需求。目前,博物馆整合校内资源,展品涵盖化石、动物、植物、土壤、种子、昆虫、木材、毛皮、家具、大型真菌、林下经济产品及民俗等,与各学院共同开展教学、科研、科普活动。

二、科普队伍

为促进博物馆科学发展，实行专家治馆战略，2017 年经学校批准，成立了由中国工程院院士李坚教授为主任的学术委员会，由相关学科知名教授任委员，为博物馆今后的科学发展提供强大支撑。

近年来，博物馆为学生提供社会实践和专业讲解的场所，培养了高素质志愿者队伍，通过组织教育活动和馆内志愿者讲解，营造了愉悦的学习和文化氛围，从而培养学生专业学习兴趣和实践能力，提升学生专业情感，达到"以文化人、以文育人"的目的。志愿者团队在全国科技周、爱鸟周、哈尔滨市科普自由行活动期间持续开展系列活动。例如，"讲解学雷锋，志愿树新风""传承五四薪火，展现志愿风采""茶言茶语茶话情""传承民俗，以绳为约"等，受到社会广泛赞誉。博物馆志愿者荣获第十届"母亲河奖"绿色团队奖、"东北林业大学 2020—2021 年度志愿服务先进集体"等荣誉。

三、科普品牌

博物馆一方面为学校"双一流"建设提供支撑，为教学提供研究服务；另一方面向学术研究者、探索者和社会民众传播森林、林业知识，使其感受到校园文化，不断增强高校社会服务能力，提升学校社会美誉度。

近年来，立足于博物馆特色，以"礼敬中华优秀传统——森林文化"为主题持续开展植物文化、昆虫文化、木作文化系列科普活动，从物质和精神层面反映森林文化的内涵。典型活动有"感知森林生物群落，感悟植物文化魅力""弘扬工匠精神增强民族自信""生态系统物质循环和能量流动暨昆虫文化""保护大象，重任在肩专题展""妙匠用妙具，妙具出绝品——传统木工工具及卯榫结构主题展""东北林业大学林业科技成果展"等。

同时，博物馆借助 2.6 万余公顷的帽儿山国家森林公园（国家林学实验教学示范中心野外实践教学基地）和 0.7 万余公顷的凉水国家级自然保护区（全国中小学生研学实践教育基地）的近自然教育优势，将室内和野外结合、理论与实践结合，打造全方位、全过程生态文明教育科普基地体系。近年来，开展的典型活动有"小兴安岭生物多样性探索""探秘原始红松林""原始红松林昆虫科考""森林防火演练""森林动物学科考""育苗试验"等。

博物馆积极开发各类型科普作品，使用的教材有《毛皮学》《木材、人类、环境》《常见贸易濒危物种》，编撰了《凉水自然保护区宣传册凉水自然保护区宣传片》《中小学生研学实践教育活动手册》《帽儿山实验林场（教学区）见习生物资源图鉴（昆虫卷）》《帽儿山实验林场（教学区）见习生物资源图鉴（植物卷）》《帽儿山实验林场（教学区）见习生物资源图鉴（脊椎动物卷）》《中国特有一级珍稀濒危植物图集》《普洱市珍稀树木》《博物馆宣传册》《大学生生态文明》等科普手册；在媒体平台播放了《博物馆宣传教育片》《全球老虎日快手平台科普短片》《龙博典藏》《走近大自然奇幻之旅》等科普视频。

博物馆一方面为学科专业课堂直接提供专业化程度高、直观性强、呈现形式多样的教学平台；另一方面也为学生专业自主学习和探究提供优质的辅助学习资源，在人才培养和科学研究方面发挥着独特而重要的作用。本校教师利用博物馆资源将课堂理论教学与实际观摩相结合的方式，使学生在直观明晰的视觉感受下认识和理解专业知识，开设有《植物学》《树木学》《昆虫学》《木材学》《家具设计》等实习课程。

四、社会影响

作为高校与社会民众分享知识和研究成果、传播文化的中介和桥梁，博物馆自开放以来获得校内师生、社会公众广泛认可，多位国家和省部级领导干部莅临指导。现已开展专题活动数百场，参观人员近 30 万人次。数十家国家级和省市级媒体对本馆进行了报道，如 CCTV 科教频道、中国绿色时报、科技日报、人民网、央广网、新浪网、网易、搜狐、东北网、黑龙江信息网、中国林业新闻网、环球网、黑龙江晨报、哈尔滨日报、生活报等。

博物馆连续获得"全国林业科普基地""黑龙江省科普教育基地""黑龙江省社会科学普及基地""中国自然科学博物馆协会理事单位""黑龙江省自然科学博物馆协会常务理事单位""哈尔滨市科普教育基地""公共文化场馆开展学雷锋志愿服务首批示范单位""哈尔滨市南岗区青少年校外教育实践基地"等称号。成为全国高校博物馆育人联盟、全国高校博物馆专业委员会和黑龙江省社会科学联合会会员单位。黑龙江省自然博物馆协会常务理事单位。获得黑龙江省自然科学博物馆协会优秀团体荣誉称号。2020 年，获批国家二级博物馆，第六届梁希林业科普奖（活动类），获评黑龙江省文明委授予的"省级文明窗口"。 2023 年，获批"首批国家林草科普基地"。

五、发展规划

面向未来，博物馆将紧跟东北林业大学整体发展规划，抓住学校"双一流"学科建设的重要契机，积极贯彻国家生态文明建设、生物多样性保护、碳达峰碳中和等战略方针，继续发挥高校文化传播的重要作用，礼敬传承中华优秀传统，服务全社会。

（一）完善人才梯队建设

博物馆将更加注重管理人员和专业人才队伍建设，包括藏品与档案管理人员、资料研究与鉴定人员、展馆布展与规划人员、藏品保养与维修人员、信息技术人员等，在工作中加强业务培训，使其在陈列展览、文物保护、宣传推广教育当中发挥整体作用。

（二）积极筹措资金

（1）积极与上级主管单位沟通协调，申请提高年度日常运行基金的划拨力度。

（2）设立专项资金，根据博物馆年度计划设立展品维护、展品收集等专项资金，并且专款专用。

（3）积极与校内外单位开展科研和教学合作，开展科研、科普项目。

（三）疏通藏品来源渠道

整合馆藏资源和馆际资源，打破馆际壁垒，拓宽合作交流渠道，与其他高校、企事业单位、公司、社区展开全方位合作，与校友建立联系，发挥社会组织与个人捐赠，形成有力资源补充格局。

（四）完善基于自身特色的知识传播体系

（1）开展校内多领域、多学科展览、讲座、论坛等，搭建大学生交叉性知识体系。

（2）深入挖掘展品价值和闪光点，构筑数字化共享平台，拓宽宣传渠道。

（3）研发体现学校特色的博物馆文创产品。

（撰稿人：刘少冲、田海、李秋玲、屈红军）

多方整合学校资源　开展特色科普活动
——南京林业大学博物馆

南京林业大学博物馆始建于 2012 年，2021 年 12 月底正式在省文物局备案登记，进入国有博物馆行列。博物馆通过整合学校学科资源、丰富的历史文化遗产和"森林公园式校园"的自然资源，围绕林业和生态文化特色，开展丰富多彩的科普实践活动，既丰富了学校师生的校园文化生活，也发挥了博物馆服务社会、科普宣教的应有价值。

一、基础设施和资源

（一）现有场馆和基本陈列

南京林业大学博物馆现有校史馆、动物标本馆、树木标本馆、木材标本室和中国近代林业史陈列馆 5 个分馆；陈列有校史馆基本陈列、树木标本馆基本陈列、动物标本馆基本陈列、中国近代林业史陈列馆基本陈列共 4 个。

校史馆，位于玄武湖畔主校区樱花大道南端的徐平炬生物技术大楼 10 层，占地 450 平方米，于南京林业大学办学 110 周年暨独立建校 60 周年校庆之际建成，是一所学校集中陈列和展示其历史文化的主要场所，是学校对师生进行传统文化教育的基地，也是学校对外宣传的文化窗口。校史馆分为前厅、走廊和展厅三部分，馆内展陈内容主要包括校史图文展览、历史物品陈列和少量创制文化品的陈设等。

树木标本馆，2022 年 10 月改建与扩建，占地 550 平方米，位于教学主楼 5 层。树木标本馆分为展厅、库房、办公区三个部分。南京林业大学树木标本馆历史悠久，最早可以追溯到 1915 年。展厅分四个部分：第一部分"树木有情"，介绍树木的定义、起源，以及保护利用等内容；第二部分"独树一帜"，主要展示悠久的馆史；第三部分"硕果璀璨"，展示本馆 4 个重大科研成就；第四部分"枝繁叶茂"，展示南京林业大学树木学科在人才培养、研究方向、国家交流等方面的成就。

动物馆标本馆，建成于 2006 年 6 月，面积约 160 平方米，位于徐平炬生物技术大楼 8 层。馆藏标本以鸟类和兽类为主，兼有少量爬行动物和两栖动物。全馆共分为景观展区、生态标本展区两部分。景观展区模拟了森林、草原及湿地 3 种生境，按照动物生存环境及生活习性分别摆放了豹、鬣羚、丹顶鹤、扬子鳄等多种国家一级、国家二级保护野生动物标本。生态标本展区分为猛禽区、陆禽区、鸣禽区、攀禽区、游禽区和涉禽区 6 个区域，每个区域均展示有各类群代表种类，方便市民和游客获取丰富的动物科普知识。

木材标本室历史悠久，于 1952 年建校时组建，是国内乃至世界上木材标本、切片种类收集最多的木材标本室之一。标本室藏有国内标本 1800 多种，显微切片 1400 余种；国外标本 1500 余种，显微切片 540 余种。此外，还收集有带树皮的原木标本 1700 余段 700 余种。

中国近代林业史陈列馆，建成于 2022 年 10 月，面积约 200 平方米，位于新图书馆会议中心。该馆是依托国家林业和草原局林业遗产与森林环境史研究中心建成的国内第一家以中国林业史为主要内容的林业文化展馆。林史陈列馆按照历史时间顺序分为了古代篇、近代篇、现代篇 3 个板块。

（二）丰富的标本史料文物遗存

学校现有树木标本、木材标本、动物标本等总计近 25 万件。其中，树木标本 20 万份，各类模式标本 200 余种；木材标本 2.8 万余件，带皮的原木标本 1700 余段计 700 余种，切片 4000 件；竹类标本 300 余件，竹工艺品千余件；鸟类和兽类等动物标本近 200 种近 400 件；昆虫标本 3000 盒约 1.5 万头。此外，学校还拥有一批完整而珍贵的近代林科图书史料。

学校正逐步推进、统筹协调、整合资源，由博物馆统一管理各类标本资源，以进一步推进综合馆的建设。

（三）珍贵的植物资源

南京林业大学（新庄校区）坐落于风景秀丽的紫金山麓、碧波荡漾的玄武湖畔，是在原金陵大学农林试验场(又称武庄农场)基础上建立起来的。1955 年，南京林业大学由丁家桥中央大学二部迁来此地独立办学。建校初期，郑万钧等先贤即决定了南京林业大学校园为"森林公园式校园"的建设目标定位，由建筑大师杨廷宝、造园学家陈植等规划。校园早期栽植乔灌木 91 科 315 属 1000 多种。校园现有林地面积约 750 亩，森林覆盖率及绿地占有率在 60% 以上，生长良好的木本和草本植物有 800 余种，荟萃了如珙桐、水杉、银杉、楠木等一批珍稀名木。其中，树木类有 91 科 245 属 603 种，珍贵树种 176 种，国家重点保护树种 22 种（其中，国家一级保护野生植物 7 种，国家二级保护野生植物 15 种）。园中的水杉、东方杉、杂交马褂木等近 10 种典型树种，为南京林业大学前辈著名林学家郑万钧、叶培忠等发现或培育，在学术界和社会上有着广泛影响。此外，还有竹子 80 余种，以及远近闻名的樱花和桂花等。

二、科普队伍和支撑力量

南京林业大学博物馆现有专职科普人员 6 人，同时依托林科、资源、生态和环境类学科的师资和教学科研条件开展科普活动，科普的主题涵盖了林学、植物学、动物学、生态学、昆虫学、园林规划学和美学等多个方面。

在志愿者团队建设上，南京林业大学博物馆建立了一个 50 多人的学生助理团。助理团下辖综合部、策划部、新闻宣传部、讲解部等 4 个部门，定期开展消防安全、讲解社仪、校史文化等主题培训。同时，为提高博物馆讲解质量，还建立了一支教工兼职讲解员队伍和一个研究生志愿讲解员小组。

此外，学校大学生科学技术协会和老科技工作者协会也是南京林业大学博物馆重要的科普力量。学生科学技术协会每年举办大学生科技节，科普知识大赛、木结构承重比赛、水火箭赛、结构赛等各类形式的学生科技创新竞赛。学生参与热情高涨，兴趣深厚，参与学生达 5000 余人次。我校活跃着一批老科技工作者，成立老科技工作者协会 20 余年，他们为学校建言献策，在人才培养、科技创新、技术推广、科学技术普及、科技扶贫、企业技术进步等方面还在积极地发挥余热。朱典想教授荣获 2019 年"中国老科学技术工作者协会奖"。

三、科普活动和作品

（一）科普活动

博物馆建立了常态化科普工作机制，在地球日、森林日、野生动植物日、生物多样性日、博物馆日、全国科普周等节点，举办展览、知识讲座、知识竞答等形式多样的科普活动，并积极与乐学少年融媒体中心、南京市科学普及服务中心等单位交流合作，不断扩大科普教育基地的社会影响。

2022 年，南京林业大学博物馆在 5 月 18 日国际博物馆日、全国科普周先后开展"认识身边的树""闻香识桂""听·看林苑精灵"观鸟、植物腊叶标本制作等科普实践活动，以及"裸子植物多样性和保护""中国与世界的竹文化欣赏"等科普讲座。2023 年，南京林业大学博物馆在 3 月 3 日"世界野生动植物日"、樱花季先后开展了"喀斯特洞穴生物多样性与保护""濒危鸟类与栖息地保护"等科普讲座，和"如意花开，巾帼芳华——衍纸手工艺体验"等实践活动，并策划了馆藏珍稀植物标本临时展览。同时，南京林业大学博物馆积极与乐学少年融媒体中心、南京市科学普及服务中心等单位交流合作，设计开发了以植物为主题的精品科普研学活动，先后有千余名中小学生参加了活动，深受好评。

（二）科普作品

曹福亮院士团队自 2010 年起积极参与和支持科普事业，自觉承担科普责任，先后领衔创作了《听伯伯讲银杏的故事》《森林的故事》《银杏文化大观》《银杏奥秘》等 10 余部中英文版原创科普著作。作品从大众尤其是青少年学生的视角出发，融科学性、知识性、趣味性于一体，对林业基础科学知识等进行讲解和描述，强化青年人学科学、爱科学、用科学的兴趣，进一步培养科学精神，激发探索自然奥秘的热情。团队成果先后获得国家科技进步奖二等奖（科普类）和中国科普作家协会科普作品金奖各 1 项、梁希科普奖一等奖 2 项及其他相关荣誉 4 项，为建设人与自然和谐共生的社会主义现代化强国贡献科普力量。除此之外，学校还先后出版了《南林校园植物手册》《金陵树王（上册）》等科普著作。

（三）社会影响

学校的科普工作得到了上级部门和社会各界的肯定，国家林业和草原局和江苏省领导曾多次到校视察指导科普工作，人民日报、新华网、扬子晚报等媒体对学校的科普活动进行过多次专题报道。

2018 年 3 月，学校第二届生态文化节在教五楼报告厅开幕。生态文化节举办期间，学校通过各种形式多样、健康向上、格调高雅的生态文化主题活动，积极普及生态知识、传播生态理念、倡导绿色生活，在文化引领方面体现南京林业大学的责任和担当。

2018 年 5 月，江苏省第三十届科普宣传周南京主场活动开幕式在南京林业大学隆重举行。开幕式上江苏省委常委、宣传部部长王燕文和南京林业大学校党委书记蒋建清共同为"南京林业大学科协"揭牌。南京林业大学"中国松材线虫病流行动态与防控新技术""珍贵树种青钱柳的培育与开发利用"和"智能书法机器人写校训"等科技创新成果在现场展出和演示，赢得了参观领导和群众的赞赏。

南京林业大学博物馆将依托林草科普研学基地，不断深化科普教育实效性，打造以林业、生态为主的自然科普新载体、新平台、新阵地，充分发挥科普宣教功能，丰富科普宣传内容，让更多人通过观摩林草科普研学基地，成为林草科普的传播者和宣传者，让科普研学基地的生态文明建设价值真正凸显出来。

（撰稿人：杨东、黄红、陈允红）

发挥林科高校优势　助力林草科普教育
——中南林业科技大学动植物标本馆

　　中南林业科技大学作为湖南省人民政府、国家林业和草原局共建高校，秉承"求是求新、树木树人"校训，立足现代林业和生态文明建设，服务区域社会经济发展需要，强化内涵建设，突出特色发展，切实提高人才培养质量，大力增强科技创新能力，不断提升社会服务水平，持续增进文化传承创新，学校办学实力和办学水平不断提高。同时，学校依托雄厚的智慧林科教育教学基础平台，充分发挥学校动植物标本馆丰富的科普资源优势，助力科普宣传动植物多样性科学知识及"绿水青山就是金山银山""山水林田湖草沙生命共同体"的生态文明建设理念。科普基地经过多年的积极探索及实践，取得了一些经验和较好的社会影响力。

一、科普平台建设

　　中南林业科技大学动植物标本馆包括森林植物标本馆（CSFI）、动物标本馆、昆虫标本馆和叶蜂标本馆（SCSC）。其中，森林植物标本馆创建于1951年，藏有东北、华北、西南、华南、华东等地植物腊叶标本，亦藏有日本和北美的部分标本。是中亚热带地区木本植物收集最全的标本馆之一，馆藏腊叶标本7万余号15万份，其中模式及副模式标本100余份，野生植物照片25万余张，专业书籍3000余册，树木科普挂图150余幅。2014年起，加入了国家标本资源信息平台（www.cvh.ac.cn），建立了数字化标本馆。近10年来，收集了300余份优质硬木树种木材标本。动物标本馆建于1990年，馆藏脊椎动物标本2000余号，涉及鱼类、两栖类、爬行类、鸟类、兽类等物种500余种。昆虫标本馆建于1958年，馆藏昆虫标本10余万号，包括1个专类昆虫模式标本室和1个教学和研究昆虫标本室，馆藏昆虫标本 7 万余号，涵盖了国内大部分代表性自然地理单元。昆虫模式标本室收藏专类昆虫标本约 3 万号，主要属于非常珍贵的膜翅目广腰蜂类昆虫的模式标本和定名标本，其中叶蜂属级标本收藏量位居世界第一，昆虫模式标本收藏量位居国内前列。叶蜂标本馆建立于 1995 年，主要收藏膜翅目广腰亚目各科昆虫。现馆藏叶蜂标本 13 万号，定名叶蜂超过 3500 种，其中正模标本 1230 号，副模标本 5120 号，采集地覆盖欧洲、南美洲、北美洲、澳大利亚、非洲、亚洲等各大动物地理区域，馆藏量在全球享有盛誉。

二、科普队伍建设

动物植物标本馆的科普队伍主要由担任动植物学科教学任务的老师、标本馆实验员、野生动植物保护与利用专业博士生和硕士生、野生动植物保护协会成员、"绿源"环保协会成员和志愿者组成。目前，动植物标本馆专职科普人员 12 人、兼职科普人员 25 人，志愿者 150 人。专职科普人员的专业主要涵盖植物学、树木学、动物学、昆虫学、生态学等，兼职科普人员的专业主要有林学、经济林、森林保护、生态学等。

动植物标本馆每年邀请国内外著名动植物专家前来科普基地，对科普教师和科普志愿者进行科普培训讲座，以提升科普队伍的专业素质和服务水平。同时，科普人员每年都积极参与国内外的林学会、植物学会、动物学会、树木学会、生态学会、环境学会等有关生物多样性及生态学环境学术会议，汲取新知识、新理念、新方法。

近年来，动植物标本馆科普人员积极参与科普活动，社会影响力持续增加。2019 年，受浏阳市林业局邀请，科普基地成员李家湘和张志强为林业局全体职工进行了野生动植物保护知识系列讲座。2019—2021 年，科普基地成员张志强依次受湖南岳阳三荷机场、湖南常德桃花源机场和湖北荆州沙市机场邀请，对机场鸟击防范工作人员进行业务培训。2020 年，科普基地成员喻勋林、徐永福被《中国绿色时报》聘请为"树木传奇·深度影响中国的树木"公益传播科学顾问。2021 年，科普基地成员杨道德、喻勋林、李家湘、徐永福、张志强、吴磊、肖炜被湖南第一移动生活门户新湖南的自然科普栏目"湖湘自然历"聘请为智库成员。

三、教育科研科普一体化

动植物标本馆不仅是学校生物学科的重要教学科研基地，还是生物多样性保护和林草生态文明建设宣传的科普基地。最新的生物科学教学科研成果大部分通过科普基地活动对外科普宣传。近 3 年来，标本馆的教师及研究生已发表教育及科研论文 110 余篇，其中 SCI 源期刊论文 35 篇，科普论文 15 篇。出版专著 6 部，其中科普专著 2 部。

动植物标本馆立足科研科普优势，试点支持出版乡村生态读本。自 2018 年起历时一年，在科普基地的指导下，联合省生态保护联合会支持新邵县生态保护志愿者协会编辑了《龙溪铺生态课堂读本》，并于 2019 年 3 月 21 日正式在龙溪铺镇风井学校举行开班仪式。该读本的出版和实践宣传被湖南日报等多家主流媒体报道，是湖南省首部乡村环境教育读本，累计印刷 6000 册，在龙溪铺镇全镇 23 所学校每周开展一次环保教育宣传课堂，累计开展 2000 余场次，影响超 2 万人次。

动植物标本馆除完成各层次的教学任务外，还为国内各级林业主管部门、自然保护区、森林公园、海关、民用机场、新闻媒体等单位提供野生动植物种类鉴定公益活动，同时为国内生物多样性保护、生态环境修复、农林业生产等企事业单位和公司提供技术支持及输送大量毕业生。

四、科普活动

（一）常规科普活动

1. 特殊节日科普宣传教育活动

利用"国际生物多样性日""全国科普日""世界地球日""爱鸟周""湿地日"等节日对在校大中小学生及社会公众进行生物多样性科普知识宣传。

2. 动植物标本馆开放日活动

每年设置 3 ~ 5 日的动植物标本馆开放日活动，通过现场参观和实验员的讲解，让民众亲身感受和了解动植物标本馆的各类标本的采集、制作和保存等方面的知识，并针对南方林业动植物资源进行科普宣传。

3. "蹭课"活动

每年公布依托动植物标本馆和校园植物园进行游览式实验教学的课程表，如《树木学实验》《昆虫学实验》《动物学实验》等实验课的课程表，欢迎在校大学生、附近中小学生及从事环境教育的公益组织人士前来"蹭课"。

（二）品牌科普活动

1. "雨生自然教育"系列活动

"雨生自然教育"系列活动是以中南林业科技大学动植物标本馆为中心、长

"守护长株潭绿心，争做减碳行动派"基地老师向活动参与人员科普植物多样性知识和现代生态文明建设理念

森林植物标本馆开放日活动参与学生制作树木标本展示

动物标本馆开放日活动外籍留学生前来参观

叶蜂标本馆开放日活动青少年在叶蜂标本馆前合影留念

沙绿地为网络、国内外生物多样性热点地区为延展，开展的科普及自然教育活动。现已成功开展 30 余次国内外自然科考旅行，执行 3000 余次自然教育课程，服务 3 万以上青少年人群。

2."蛙鸣自然教育"品牌团队服务

"蛙鸣自然教育"品牌团队服务主要致力于全国自然教育基地规划和建设，现已服务并建成自然教育基地 5 个，针对性开发自然教育课程 5 个系列，其服务内容包括户外课堂、专业研习、主题活动、特别策划、解说牌设计、文创周边、网络课程开发等，现已执行 2000 余次自然教育课程，服务数十个事企业单位，千余人专业研习人士，2 万以上青少年。

3."大爱筑绿城"系列公益活动

"大爱筑绿城"系列公益活动是在动植物标本馆的指导支持下，由湖南省生态保护联合会联合华融湘江银行通过植树造林等方式，呼吁个人、社区、企业、媒体和政府共同应对气候变化的大型公益项目。该项目连续开展 7 年来，累计植绿面积近 130 亩，植苗 10000 余株。下一步，动植物标本馆还将与省生态保护联合会围绕长株潭绿心保护工作，通过建设示范林项目，助力碳达峰碳中和目标战略。

四、经营管理

（一）组织机构管理

开展科普教育工作，组织建设是关键。动植物标本馆已建成二层科普组织机构。第一层为科普领导小组，负责审批科普工作方案；第二层为科普执行队伍，执行实施具体科普事项。

（二）工作制度管理

动植物标本馆建立了科普工作议事制度，讨论并制定了《中南林生物多样性科普基地科普工作管理制度》，以制度规范科普行为，以制度激励和促进科普工作的开展。科普基地坚持每年年初召开科普工作专题会议，认真讨论每年的科普主题，制定切实可行的年度科普工作计划，然后狠抓计划落实，确保科普工作有序开展。

（三）平台设施管理

动植物标本馆的仪器设备及科普素材定期进行精心维护检修或更换，切实保障每次科普活动的正常开展。同时，为更好地发挥科普平台的科普功能，动植物标本馆每年拟新补充 9000 余份科普动植物标本服务大众。

中南林业科技大学自然教育导师训练营在长沙黑麋峰国家
森林公园创新创业实践基地启动

（撰稿人：徐永福、李家湘）

服务绿色人才培养　助力生态文明建设
——西南林业大学标本馆

西南林业大学以"红为底色，绿为特色"，厚植生态文明理念，在生物多样性保护领域人才培养、科学研究、服务社会、合作交流、文化传承等方面作出了积极贡献。西南林业大学标本馆（简称标本馆）起源于 1939 年创建的云南大学森林系树木标本室。1992 年，被英国皇家植物园列为中国十个入选世界的大标本馆之一。是西南林业大学标本资源收藏、展示、研究和科普的重要平台，是生态文明教育和精神文明建设的重要基地。

一、基础建设

标本馆建筑面积 7200 平方米，包括生物多样性展厅、木材标本展厅、森林植物标本室、木材标本室、植物病理与真菌标本室、昆虫标本室和野生动物标本室。目前，馆内收藏有植物、脊椎动物、昆虫、木材、植物病理与真菌五大类标本共 50 余万份。生物多样性展厅是宣传西南地区丰富的生物多样性、展示学校生物多样性保护研究成果、普及生物多样性保护知识的重要平台。木材标本展厅是陈列展示木材构造与保护创新团队研究成果及文创作品、普及木材科学文化知识的重要场所。森林植物标本室是全国壳斗科植物和竹亚科植物收藏种数较多、数量最大的标本室之一。木材标本室拥有全国第 2、高校第 1 的木材标本库。蚂蚁标本分室收藏蚂蚁标本 8.2 万号约 82 万头，含 153 个模式标本，是目前国内收藏蚂蚁物种最多、标本最丰富的专题标本室。

标本馆先后被命名为云南省"科学普及教育基地"、国家高原湿地研究中心"公众教育基地"、中国野生动物保护协会"全国野生动物保护科普教育基地"和"云南会泽黑颈鹤国家级自然保护区宣传教育基地"，云南省社会科学界联合会

"云南省社会科学普及示范基地"和云南省林业和草原局"云南省林草科普基地"。

标本馆建立科普网站，设有科普小知识、馆藏资源、标本捐赠、参观服务等栏目，是标本馆对外线上宣传的重要平台。西南林业大学微信公众号、校园网站、学校广播台等也是重要的科普宣传媒介。木材标本室木材构造与保护创新团队在全球范围内首创开发的"针叶材智能检索系统"获得了国内外专家学者的一致认可。针对现有木材标本创建木材标本信息库，数据库建设完善后将对全国乃至世界的生物多样性信息提供重要的补充，为全世界相关专业的学习、研究和生产者提供便捷的线上查询平台。西南林业大学和云南省生态环境厅共同建设"云南生物多样性"网上博物馆，推动西南林业大学生物多样性科普跃上新台阶。

二、科普队伍

标本馆科普队伍由专职科普教师、专家指导团队和志愿讲解员组成，结构合理、素质较高、规范有序，为科普活动的开展提供了组织保障。现有专职科普人员 5 名、兼职科普人员 20 余名。兼职科普人员包括专家团队、导游志愿讲解员及校外志愿者。科普岗位教师积极参加各类科普培训，涵盖林学、生态环境学、民族生态学、木材科学、森林保护、昆虫学、鸟类学、动物学、微生物学等专业的专家团队，为科普活动提供专业指导。2019—2022 年，对志愿者队伍进行讲解、礼仪、校史、生物多样性知识、新闻稿撰写、动植物标本制作等专题培训 17 次，完成讲解接待任务 300 余场。志愿者队伍在参观接待、讲解和科普活动开展等方面发挥了重要作用。

三、科普作品

标本馆科普团队专家深耕生物多样性保护研究领域多年，研究著作成果丰富，其中有鸟类、民族植物文化和昆虫等主题科普著作 10 余本。《生物多样性公约》缔约方大会第十五次会议（COP15）期间，蚂蚁专家徐正会、箭竹专家董文渊、巨龙竹专家辉朝茂、鸟类专家韩联宪及罗旭等参加由中国新闻网和云南卫视等媒体制作的生物多样性主题系列宣传电视片《COP15 十五人——守护多彩生命》和《COP15 共建生命共同体——我们和它们》。唐甜甜老师以云南省生态环境厅生态环境专项项目"云南明星物种设计和宣传项目"为支撑，以云南明星物种为原型设计出鸟、兽、名花和昆虫 4 个系列共 41 种手绘明信片、木刻画、邮票、笔记本、钥匙扣、台历等系列明星物种文创产品。面向公众发放我国西南边疆明星野生动物明信片 4000 份，面向社会企事业单位赠送科普展板、台历、竹板画 6 套。

2021 年，标本馆举办"生物多样性主题集邮展览"，设计、制作、发放邮展纪念明信片 4000 余份；展出近 40 个国家发行的共 4000 余枚动物、植物、菌类、动植物生境、动植物保护主题邮票，已汇编成纪念册，计划出版发行。2022 年，举办"庆祝中国共产党成立 100 周年集邮书画展"，制作发放宣传折页 3000 多份；制作科普宣传作品植物科学画 80 幅，花卉写意 20 幅。木材标本室木材构造与保护创新团队利用研究成果开发了一系列科普文创产品，如木皮画和花斑木钢笔等。

四、科普活动

标本馆始终坚持特色发展，充分发挥馆藏资源优势及学校在"生态文明建设"方面的学科专业优势，重点围绕"生物多样性及生态文明建设"，长期面向在校师生及中小学生、社会公众开展科普教育，在校内外均获得良好的评价和反响。

标本馆每年向社会免费开放达 300 余天，年均接待参观者 2 万余人次。学校将生物多样性展厅作为第二课堂，建立大学生定期参观标本馆及展厅的长效机制。通过参观展厅，引导西南林业大学学子弘扬科学家精神，积极投身福荫后代、功在千秋的生态文明建设事业。针对中小学生开展"小小讲解员""走进标本馆——探秘云南明星物种""植物标本采集与制作"等科普活动；针对在校大学生开展"科普讲解大赛""科普讲座""助力 COP15，促进生态文明建设演讲与征文"等活动。2021 年 5 ~ 7 月，成功举办"生物多样性主题集邮展""庆祝中国共产党成立 100 周年集邮书画展"，以特色展览形式，普及宣传生物多样性保护知识。展览参观人数逾万人，人民网、中国新闻网、光明日报、云南日报等媒体均有报道，引起较好社会反响。

学校多位专家、学者参加了 COP15 的筹备、研讨、讲解等工作，为 COP15 成功举办贡献了西南林业大学的"绿色力量"。COP15 召开期间，微博泛知识领域大 V、工作人员及部分主流媒体记者走进标本馆领略云南生物多样性的魅力；标本馆联合春城晚报小记者开展"透过标本知云南生物多样性"活动。

近年来，西南林业大学"自然教育学校（基地）"面向昆明市中小学生，在标本馆多次开展"生物多样性教育""木材标本参观"等主题课程教育活动。

五、经营管理

（一）经费管理

西南林业大学每年向标本馆固定拨款 23 万元用于办公、科普及标本采购，为科普活动稳定开展提供了必要支持。2020 年，西南林业大学标本馆获批"云南省社会科学普及示范基地"，同时获 5 万元经费用于科普基地建设及科普活动开展。此外，通过积极申请科普项目拓展科普经费来源，多渠道科普经费来源为科普活动持续开展提供了重要的资金保障。

（二）组织机构

标本馆为学校独立设置的教辅单位，内设办公室、科普专职岗位和标本资产管理岗位，组织架构完整。其中，科普专职岗位负责标本资源的对外宣传、科普教育以及生物多样性展厅的日常建设、管理。

（三）管理制度及科普活动开放管理办法

标本馆制定有《标本馆部门职能》《标本馆领导岗位职责》《标本馆办公室岗位职责》《标本馆标本资产管理岗位职责》《标本馆科普宣传教育岗位职责》，管理制度完备。

针对科普岗位工作，制定有《科普工作规章制度》，包括《展厅参观须知》《生物多样性展厅管理办法》《生物多样性展厅接待参观流程》《科普宣传教育活动管理办法》《标本馆志愿讲解员队伍管理办法》《标本馆突发事件应急预案》。展厅的开放管理、参观接待、科普活动的开展按照各项制度和管理办法有序进行。

（撰稿人：吕天雯、姚顺忠）

北京麋鹿生态实验中心

到保护区看麋鹿活动

科普剧展演——夜莺之歌

麋鹿守护者志愿活动

麋鹿中心户外博物馆

北京市西山试验林场管理处

西山国家森林公园八角亭

西山国家森林公园门区瀑布

西山森林讲堂

西山森林音乐会

河北柳江盆地地质遗迹国家自然保护区

额鼻角犀复原模型

岩矿化石标本

秦皇岛柳江地学博物馆

地质教学实践

研学活动

山西庞泉沟国家级自然保护区

庞泉沟保护完好的森林资源

2023 年开展科技活动周活动

庞泉沟国家级自然保护区管理局机关

庞泉沟访问者中心

庞泉沟基地牌匾

内蒙古赛罕乌拉自然保护区

"六五环境日"幼儿园学生参观赛罕乌拉自然博物馆　　"国际生物多样性日"小学生参观赛罕乌拉自然博物馆

索博日嘎镇中心小学六年级学生在赛罕乌拉保护区开展研学实践活动　　内蒙古农业大学林学院在赛罕乌拉自然保护区开展实习实践活动

赛罕乌拉自然保护区科研与教学实习基地全貌

内蒙古呼伦贝尔草原生态系统国家野外科学观测研究站

2023 年 8 月 24 日，中国银行澳门分行来站参观

2023 年全国青年生态学者参观实验样地

国家林草科普基地授牌

可容纳 100 人的科普会议室

沈阳大学自然博物馆

全国科技周活动

参观博物馆

游学活动——科普知识讲座

游学活动——标本制作

野外考察出发式

上海辰山植物园

儿童植物园

沙生植物馆

水生植物园

海报宣传低碳理念

观鸟活动

上海动物园

超萌小兽医活动

科普活动

丰容活动

科普进校园活动

国际猩猩关爱周活动

杭州植物园（杭州西湖园林科学研究院）

杭州市首届生态文明小主播大赛

小神农识百草活动

园林废弃物再利用活动

植物标本制作活动

资源馆智慧空间体验活动

浙江农林大学植物园

植物园

农林生态馆

亚热带森林培育国家重点实验室

求真实验班夏令营自然生态课

浙江农林大学教师徐建伟在百草园对学生进行中药材指导

山东省林草种质资源中心

"小手拉大手，共筑绿色生态"主题春季研学活动　　　　流动的种质方舟展板和实物展示

牡丹种质资源汇集区

水生植物收集保存区

山东省淄博市原山林场

山东原山艰苦创业纪念馆

为中学生科普森林防火知识

走进原山开展林草科普实践活动

淄博市原山林场全景

河南宝天曼国家级自然保护区

南阳市爱鸟周在宝天曼启动

乐山亲水

南阳小记者走进宝天曼博物馆

社会公众参观科普廊道

2023 年河南省普通高中生物夏令营在宝天曼开营

湖南省植物园

把课堂搬到自然里

科普进校园——闻香识植物

踏春

花海里的科普小讲解志愿者培训

讲解来自芬兰的驯鹿

广州海珠国家湿地公园

广州海珠国家湿地公园航拍

海珠湿地水果乐缤纷课程

海珠湿地飞羽寻踪课程

学生在海珠湿地水稻田观鸟

长隆野生动物世界

白边海豚

鸟类科普讲堂

鲸鲨科普

世界唯一大熊猫三胞胎

长隆亚洲象族群

中国科学院华南植物园

龙洞琪琳

苏铁园航拍

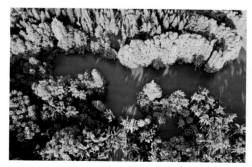

生态丛林

温室航拍

乌鲁木齐市植物园

植物园景色

科普活动

科普长廊

东北虎豹国家公园

东北虎豹国家公园自然景观

东北虎

东北豹

自然教育活动

自然教育活动

武夷山国家公园（江西片区）

科普生态小径

开展"武夷拾趣，落叶知秋"自然教育活动

开展"拾趣自然，邂逅武夷"自然教育活动

科普宣传廊

中国林业科学研究院木材工业研究所木材科普中心

木材标本馆

木材标本馆

木材工业研究所西区—伍德坊—木作学院

木材工业研究所质检中心 VOC 实验室

木材标本馆（参观现场）

木材标本馆（国际友人参观现场）

科普活动——夏令营

小学生科普体验活动

国际竹藤中心竹藤科普馆

国际竹藤组织董事会联合主席江泽慧陪同喀麦隆总统保罗·比亚参观竹藤展厅

几内亚学员参观竹藤展厅

国际竹藤中心竹藤科普馆科技周活动

科普互动体验

实验室开放日活动

北京林业大学博物馆

北京林业大学博物馆的展厅环境

北京林业大学博物馆的代表动物

中国（哈尔滨）森林博物馆

中国（哈尔滨）森林博物馆

东北区动物

动物标本临展

森林主题通道

中庭景观

南京林业大学博物馆

树木标本馆

校史馆

中国近代林业史陈列馆

中南林业科技大学动植物标本馆

自然教育导师训练营树木认知培训交流

叶蜂标本馆开放日青少年利用显微镜
观察昆虫

自然教育导师训练营老师示范植物
制标本制作过程

自然教育导师训练营学员与培训老师
一起进山认知树木

自然教育导师训练营学员认真
学习树木标本

西南林业大学标本馆

"走进标本馆，探秘明星物种"科普活动

春城晚报小记者参观"生物多样性主题集邮展览"

国际学院留学生参观标本馆

木材标本室科普活动

"走进COP15体验多样云南"活动调研组成员和部分主流媒体记者参观标本馆